［法］埃里克·杜蒙　著

［法］伊莎贝尔·阿尔斯兰尼安　绘

梁玉兰　译

U0239144

一看就会的
林木果树嫁接大全
（全程图解版）

中国农业出版社

北京

图书在版编目（CIP）数据

一看就会的林木果树嫁接大全：全程图解版／（法）
埃里克·杜蒙著；（法）伊莎贝尔·阿尔斯兰尼安绘；
梁玉兰译. —北京：中国农业出版社，2024.3
ISBN 978-7-109-27484-6

Ⅰ.①一… Ⅱ.①埃…②伊…③梁… Ⅲ.①苗木–
嫁接②果树–嫁接 Ⅳ.①S723.2②S660.4

中国版本图书馆CIP数据核字（2020）第196118号

L'ABC de la greffe，

© First published in French by Rustica, Paris, France – 2012
Simplified Chinese translation rights arranged through Dakai – L'agence
合同登记号：01-2019-6905

中国农业出版社出版
地址：北京市朝阳区麦子店街18号楼
邮编：100125
责任编辑：刘昊阳
版式设计：王 怡 责任校对：吴丽婷 责任印制：王 宏
印刷：北京缤索印刷有限公司
版次：2024年3月第1版
印次：2024年3月北京第1次印刷
发行：新华书店北京发行所
开本：700mm×1000mm 1/16
印张：13.25
字数：285千字
定价：88.00元

版权所有·侵权必究
凡购买本社图书，如有印装质量问题，我社负责调换。
服务电话：010 – 59195115 010 – 59194918

前　言

在自然界中，植物通过种子和分蘖繁殖。这个自然过程不仅漫长，而且不能系统性地繁育出与原物种遗传特性完全相同的植物。

一直以来，当一种植物因开的花品质优良、果实鲜美、外形美观而引起园艺师的关注时，园艺师就会寻找适宜的方法来进行繁殖。园艺师明白，不能采取同样的方法来繁殖所有的植物，因为每种植物都有其特有的物理和生物特性。长期以来，在这种强烈愿望的驱动下，园艺师们探索出各种方法，应对在繁育植物的过程中出现的不同情况，这些方法包括母株压条营养繁殖法、扦插法、实验室细胞分裂法、嫁接法。举个例子让您明白并认同嫁接繁殖的好处，如果您精挑细选出一个苹果来进行繁殖，种上它果核里的所有种子，可能您种上多少种子就会收获多少不同的果实，但绝不会得到提供种子的那个品种！

嫁接可以持续繁殖、保留原品种遗传特性，而且这种方法大多数人都可以做到。然而，这种植物"外科手术"大多比较难操作，为了指导大家成功，这本书中描述了作者曾经实践过的全部技术。

如果想要取得成功，苗木培养者必须善于观察，从而获得各种专业资源，利用这些资源确保繁育各个阶段的成功。嫁接是一项奠基性的工作，需要认真细致，以确保品种持久、未来安全并保留原物种特征。

我们今天传承下来的植物遗产主要归功于苗木培育者们的工作，而植物的未来也要靠他们。来嫁接吧，您也会有机会为此做出贡献的。

此书为法国版权引进的原版园艺书，书中内容为法国家庭园艺中关于嫁接技术的要点讲解，读者可把此书作为参考，结合我国园艺技术中关于嫁接技术的操作要求，选择最适合自己的嫁接方法，更好地享受园艺带来的乐趣。

目　录

引 言

嫁接繁殖

世间鲜有神奇术，而嫁接就是其中一种。通过嫁接，园艺师可以对生命体实施有效操作从而进行繁殖，却不会造成基因紊乱或变异。

我们从大自然中学到嫁接的原理，也是大自然告诉我们植物间具有相亲相近性。通过观察，我们认识了两种不同植物之间亲密结合的规律。基于这些原理，我们发展了适合每一个品种繁殖的不同技术。

对于苗圃和果树栽培从业人员来说，嫁接具有很好的经济效益；从保护种质资源的角度来看，嫁接也具有不可否认的作用。

嫁接是什么？

嫁接是将植物的一部分与另一个植物体接合，接上去的那部分称为接穗或接芽，被接的植物体称为砧木。两者结合要形成一个单一个体，这个单一个体随后在生长过程中会具有那两种合体植物的性质。

嫁接的优势之一就是能够为每一个品种提供属于同一植物科的不同种类的砧木。由于这些砧木对生长条件的要求不同，所以要因地制宜，挑选合适的品种。树木将要生长土地的性质、我们期望植物达到的生长和健壮程度等，都是我们要考虑的因素。

"我"能做到吗？

从技术角度来讲，要求操作者至少了解一些嫁接的基本原理，能够将一种接穗和一种砧木接合，并且达到理想和持久的效果。嫁接就是对植物进行"外科手术"，这项"手术"要求细心和灵巧，对设备的要求简单，但是必须有效且合适。

> 为了确保接穗和砧木之间的高度亲和力，两者都必须属于同一科植物。

将冠接接穗绑到金合欢树的枝干上

> 成功嫁接的黄金法则：操作时准确掌握接穗和砧木需要接触的区域。

> 嫁接，需要一个砧木和若干接穗枝条，将它们亲密地接合在一起。

砧木

如何获得砧木？

砧木相当于根的部分，负责输送树液并将树液分配给嫁接上来的那部分。准确了解这一部分的性质很关键，因为它必须与接穗有亲和力。要保证砧木的来源且健康状况良好。

自然界中的砧木

自然界中，在树林里、林边、篱笆或有树木围隔的田地或草地里，果树都会自发地生长出来。鸟类和啮齿动物会携带籽粒、种子、果核、树枝，只要它们上面覆上土，就能生根长出苗木来。

牡丹砧木

采集一根山楂树的接穗枝条

专业苗木师培育的砧木

有些苗木师专门培育幼苗。传统的砧木（例如实生砧木）和来自研究中心挑选的特定砧木，都是由这些苗木师培育和销售的。他们中有些人可能会同意给您少量的砧木。

请记住，无论苗木的来源是哪里，您必须在"成活好"的砧木上嫁接，即至少是几个月的实生苗木，但是室内嫁接的几种情况除外。

接穗枝条

若您喜欢某种植物的叶子、外形、花、果实，您可以在这棵树或灌木上适时采集枝条，通过嫁接进行繁殖。采集接穗枝条的时间和方式取决于选择哪种嫁接技术。

在自己家中、朋友的花园或认识的人的花园里，只要有您中意的品种，都可采到接穗枝条。

苗木工作人员无权以任何方式转让枝条。获得并且维护好一个品种系列并非易事，园艺界人士可能不愿意透露代表其公司文化产权的东西，对此我们要理解。

从采集嫁接枝条到进行嫁接操作可能需要等待几个月的时间。要严格遵守保存接穗的条件要求，以避免枝条失水或"节外生枝"（意外生长）的情况发生，如果出现这种情况，那么嫁接成功的可能性就完全没有了。

好的接穗是不干枯的，而是健康、生气勃勃的，树皮必须是平滑的，而不是"褶皱"的。树枝必须成熟，而不是还在草本状态。嫁接涉及的芽眼必须饱满且完整。

何时嫁接？

嫁接的两个最佳时期，一个是树液衰退的时期，也就是8月和9月，另一个是昼夜气温开始下降，即在春季植物复苏之前的几个星期，也就是2—4月。

由于每年的气候条件不同，嫁接的时间也必须相应调整。

所需工具

嫁接需要的工具根据所采用的技术不同而有所不同。操作的各个阶段都要求高度精准，这意味着要配备性能好的设备。嫁接使用的工具包括手锯、剪刀、嫁接刀、酒椰叶纤维、冷用或热用嫁接胶，以及在某些情况下需要的嫁接蜂蜡。

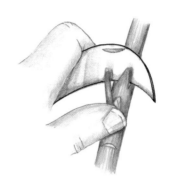

嫁接刀可以提取接穗芽眼

酒椰叶纤维用来绑扎接穗

用剪刀修剪接穗

如何阅读本书？

培育难度指数
★　容易
★★　难
★★★　非常难

植物常用名称

植物拉丁名称

科

嫁接类型

建议砧木

分步嫁接

牡丹科

★★★

牡 丹

拉丁学名: *Paeonia suffruticosa*

牡丹的种类很多，开花期在春天，无论是白色、粉色、红色、橙色、淡紫色、紫色还是黄色，单瓣还是双瓣的牡丹花，都很迷人。牡丹品种要求土壤富有营养并且有一定深度，但是忌新鲜腻肥，尤其喜欢温暖有遮挡的环境，怕春寒。牡丹花花朵大，开花期要求浇灌充足。

> 牡丹繁殖宜采用镶接，在根颈处进行，愈合和生根时要保存在玻璃罩下。

牡丹的镶接

镶接操作可以从1月开始，即在植物开始生长时进行。

准备砧木

1.镶接要在室内操作，也就是说砧木必须离开土壤，但是要保留很大一部分根系。

2.用剪刀将砧木从根颈处剪下，也就是气生茎生出的正下方。用嫁接刀修剪切面，让切面干净，不要有木屑，修剪根部长度，相应剪掉三分之二。

> **选择砧木**
> 砧木可选中国牡丹或芍药，通过分根繁育获得，最理想的砧木是根部良好的幼苗，其根部的底端约有一根手指那么粗。

3.一只手拿着砧木，另一只手拿着嫁接刀，分两步取出木质部分，挖出长度为3厘米的三角形镶嵌槽。

194 一看就会的林木果树嫁接大全（全程图解版）

果树和灌木

    几百年来，由于树种自发的杂交，以及人类对多样性的追求，果树和灌木品种的数量不断壮大。

    当今的果树和灌木类型包括：

    1.古老和传统品种。这些品种由于抵抗力强，历经数百年。而许多品种由于长期被遗忘，最终消失。

    2.现代品种，也就是最近的品种。它们在外观、味道和香气方面表现出与古代品种截然不同的特性。受现代生活条件和消费模式的影响，人们的需求也在不断发生变化，这些新品种恰好满足了人们的愿望和需求。

杏 树

拉丁学名：*Prunus armeniaca*

杏树是李子属果树，原产于亚洲。杏树完全可以通过种子繁殖，但这并不是持续繁殖且保持原品种遗传特性最可靠的方法，所以我们会选择嫁接。

杏树的芽接

在树液流动不那么活跃的时候进行操作，即在夏季嫁接。这样可以选取成熟度好的接穗，将其嫁接在还有树液的砧木上。

从7月中旬开始，选择气候干燥的早晨或晚上进行嫁接。如果气温非常高，而且树液非常活跃（表现为树芽大量萌发），就要等几天，甚至等1～2周也不算晚。

选择砧木

繁殖杏树可采用的砧木有以下几种：

－果核播种的杏树
－果核播种的桃树
－纯李子树或樱桃李(Myrobolan)

最好选择纯李子树，因为它对土壤有良好的适应性，并且与嫁接的品种有最佳亲和力。

从7月初开始，大约在嫁接前15天，要及时对新梢进行摘心处理，因为接下来要从枝条顶端提取芽眼进行芽接，这样会促使枝条成熟。

无论是劈接还是镶接，不要在春季嫁接杏树，因为春季气温变化大，不利于杏树接穗的愈合。

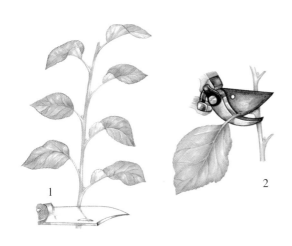

提取接穗

1.从要繁育的树上剪下选好的枝条，注意必须是上一年5月生出的枝条，长度为30～60厘米。

2.立刻用嫁接刀或剪刀剪掉叶子，避免接穗干枯，留下0.5厘米的叶柄。

如果不是马上嫁接，应把接穗贮存到阴凉的桶里，底端浸入5厘米深的水中。

准备砧木

1.无论是在砧木上贴近地面的部位操作还是在砧木上部操作，在嫁接前要去掉操作部位10～15厘米范围内的所有分枝。

2.用干燥的抹布擦掉操作部位上可能存在的泥土颗粒。在砧木上距地面5厘米处进行嫁接时，尤其需要注意这项操作。

3.右手拿着嫁接刀，在一块光滑的树皮上切一个横切口，深度为切透树皮即可。然后，在刚刚切好的横切口下方3厘米处插入刀片，切一个纵切口，从而形成一个T形。

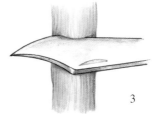

切这些切口时，一旦切开树皮层后感觉到抗力，就不能再深入切了。

提取芽眼

1.现在接穗备齐，可以提取芽眼了。握紧接穗，基部朝下，选择接穗中间的芽眼，因为那是最成熟的地方。

要取下包括芽眼的一薄片树皮，首先在芽下方2厘米处切一个侧切口，然后把嫁接刀刀片的中间部位插入芽上方2厘米处，嫁接刀向刀尖拉削移动，当刀片达到之前的切口时，芽就被提取出来了。

2.去掉芽下的木质部分，否则会阻碍其愈合。检查芽眼是否被掏空：在光照下，如果芽眼透光，就是掏空了。

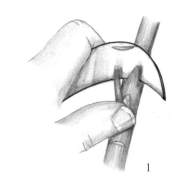

1

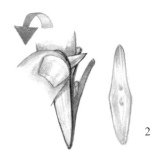

2

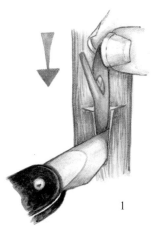

1

接合过程

1.用嫁接刀将T形上部的两侧树皮切开，把接穗插入，芽眼朝上，刮刀抵在芽眼结合处，借助嫁接刀将整个接穗插入。

接穗的理想位置是芽眼位于T形纵切口的中间。然后，切除接穗超出T形横切口的部分。

2.树皮可以固定接穗，但这还不够，要完成操作，还须用酒椰叶纤维缠十几圈，注意不要束得太紧，缠的过程中将芽眼露出来。用左手的拇指撑住约20厘米长的酒椰叶纤维绳的末端，然后从低向高缠绕束紧，最后一圈应该松些，以便做个结扣，绑紧整体。

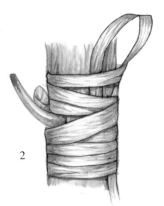

2

嫁接后的管理

1.在嫁接后15天左右接穗才会恢复生长。干燥的叶柄容易脱落，如果没有脱落并且芽眼呈黑色，那就是嫁接苗没有成活。

一个月以后，用嫁接刀切断接芽侧面的绳结来给它松绑。来年春天，进行接芽的分株：将接穗上方10厘米以上的部分切掉，抹除切面和接芽之间的芽眼；留下来的部分作为支柱，用来捆绑固定还很脆弱的嫩芽。

2.4月，嫩芽开始成长。在接下来的几周，要不断抹掉沿着支柱长出的萌芽。

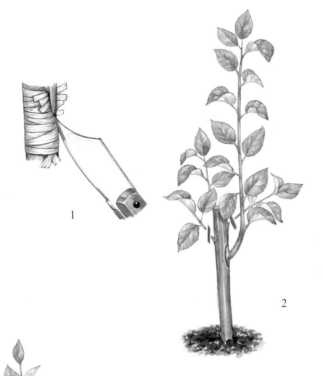

3.用绳子将新梢绑在支柱上，注意不要伤到它，新梢生长得快，所以绳子不用勒得太紧。羊毛绳就很合适，但芦苇草绳（灯芯草绳）更好，因为在几个月后，它们会自然而然地变松。注意不要用酒椰叶纤维，也不要用含金属的绳子。同时，要定期检查绳子是否还有效力。

4.来年8月，当新梢长到几十厘米且梢头健壮时，用剪刀去除支柱，因为这时支柱已经没有用处了。

獼猴桃

拉丁学名：*Actinidia chinensis*

正如其拉丁植物学名"*Actinidia chinensis*"所示，獼猴桃是一种原产于中国的藤本植物，有雄株和雌株之分。獼猴桃的果实呈椭圆形，表皮绿褐色，覆盖浓密绒毛，皮内为浅绿色果肉，多汁，富含维生素C。

对獼猴桃最常用的繁殖方法是绿枝扦插，宜在雾天进行。采用根颈部镶接法繁殖，成功率会非常高，嫁接后要将其保存在玻璃罩内。

獼猴桃树的镶接

如果您已经看好一个优良品种，那么在其开始萌发时（2月），就可以进行镶接操作了。

镶接时要进行"桌台"操作，即让砧木离开土壤，同时保留一大部分根系。

准备砧木

1.用剪刀将砧木从根颈处剪下。用嫁接刀修剪切面，让切面保持清洁，不要有木屑。修剪根部长度，相应剪掉三分之二。

1

2.一只手拿着要嫁接的砧木，另一只手拿着嫁接刀，分两步取出木质部分，挖一个长3厘米的三角形镶嵌槽。

2

选择砧木

砧木选择实生的獼猴桃树，必须是已经成长两年的苗木，基部根处有一个小手指那么粗。

准备接穗

1. 从要繁殖的猕猴桃树上采集接穗。采用这种繁殖方式时，要现嫁接现采集接穗。

2. 相反，如果早有嫁接计划，应在1月中旬植物生长完全不活跃时采集接穗。采集后，放在阴凉的地方，沿墙底插在墙北面5厘米深的土中。

3. 挑选中等强度的接穗，芽看上去要饱满。在猕猴桃科藤本植物上经常遇到不结果的徒长枝，不要选这种枝条嫁接。

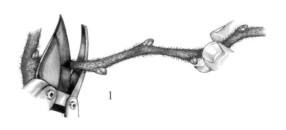

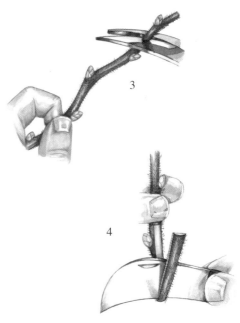

4. 斜切接穗底部，从齐芽的高度开始切，切面形状要与砧木上切面的形状相吻合，接穗上必须有两个芽。

接合过程

1.一只手紧握接穗，另一只手拿砧木，将接穗插入砧木上削好的槽口中，切口必须完全对齐。

2.要使嫁接操作尽善尽美，可用酒椰叶纤维绳绑扎接穗，确保整体严密紧贴。

3.用热用嫁接蜡涂抹操作产生的伤口。

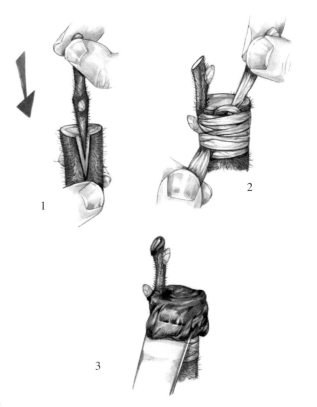

栽种嫁接体，确保成活

1.愈合期间，将嫁接体插入疏松的土中，如果没有，就插到掺有细河沙或枫丹白露沙的土壤中。

2.把嫁接点完全埋入土中，盖上玻璃罩，保持密闭，使空气不流通，这种技术称为"窒息法"。

3.在阳光灿烂的日子，遮盖上钟罩。到5月中旬时，接穗愈合，撤掉钟罩。

继续将嫁接苗保留在原地，到当年11月，就可以将它移植到最终的位置了。

柑　橘

拉丁学名：*Citrus reticulata*

柑橘原产于中国和东南亚等地，由于其具有很多优点，很快便征服了全球。不过，柑橘仅限于种植在暖温带地区，不能承受低于 − 12℃的气温，也就是说，只能将它们种植在那些秋冬季气温也较为温和的区域。柑橘的生长需要大量的水，但湿度过高会引起窒息。如果栽培条件适宜且管理得当，它们在栽培箱里也能生长得很好。

几个世纪以来，园艺工作者将柑橘种植扩展到一些原本不可想象的地区。为此，他们建立了柑橘温室，用来栽种柑橘，尤其是在冬季为其提供保温，凡尔赛宫的橘园就是其中最为著名的。那些新近建筑，如游廊、阳台和带顶棚的露台等，使柑橘的无土栽培得以推广。

柑橘的芽接

准备砧木

在嫁接过程中，通常会用到以下两种嫁接技术：

——实生幼苗的嫁接。您可以选择芽接法，理想的操作时间是夏初。

——高接（二重接），适用于不结果、冻伤过或者结出的果实不满意的情况。可以按照冠接的原理，在4—5月进行嫁接。

对于在砧木基部进行嫁接的苗木来说，要在基部留出位置，用来放置接穗。将距离地面至少10厘米范围内的所有嫩芽都去掉，然后用干抹布仔细擦掉可能存在的泥土颗粒。

采集接穗

1.这个操作需要特别注意，采集的枝条必须有饱满、成熟的芽眼。如果可能，应该在母株上选择中等健壮、侧生而不是垂直生长的枝条。

1

接穗必须是从要嫁接的品种树上采集下来的当年的新枝，即健壮但不是徒长的幼枝。

2. 即使不是立刻嫁接，也最好在早晨采集用作接穗的枝条。用剪刀将叶子剪掉。注意不要直接用手掰，叶柄必须保留约0.5厘米的长度。

2

3. 在等待操作期间，将采集的接穗保存在一个桶里，放到阴凉的房间，将接穗底部插到5厘米深的水中。条件良好的话，这样至少可以保存3天。

底部和顶端的芽不能用，尤其是顶端芽，它们不够饱满或木质化程度不够。

3

选择砧木

您可以通过种酸橙或者枳的种子来获得嫁接用的幼苗，如果时间紧急，可以从苗木师那里寻得。要得到适合嫁接的苗木，需要两年的时间。

切割砧木

1. 接芽应该放置于距离地面4～5厘米且树皮最为光滑的位置。手握嫁接刀，在这个位置切一个横切口，深度为切透树皮即可。

2. 嫁接刀垂直，刀尖朝下，在距离地面2厘米的地方插入刀尖，切透树皮层，从下向上做一个垂直开口，一直切到与横切口相接。

3. 保持嫁接刀的位置不变，轻轻撬起树皮。

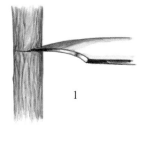

1

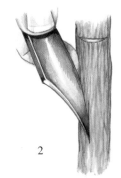

2

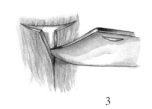

3

4. 在树液丰富的砧木上撬起树皮很容易。将嫁接刀插入T形顶端的树皮下，一侧从上到下、另一侧从下到上往复运动，掀起树皮。

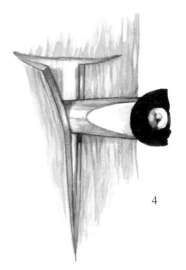

4

切取接穗芽片

1. 一手拿着接穗，另一只手拿着嫁接刀。选好芽后，在芽下方约2厘米处切一个侧切口。

1

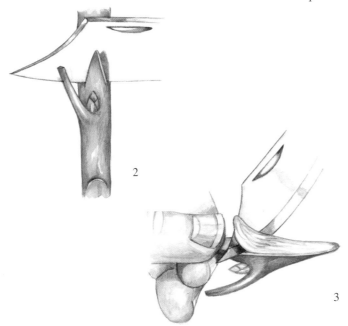

2

3

2. 在芽眼上方2厘米处，插入刀片中间的部位，以切取包括芽眼的一薄片树皮，将刀片向刀尖方向拉削移动。

3. 取下芽片时，带着一点木质部是正常的。由于木质部的存在可能影响嫁接芽的成活，所以必须将其去掉。

接合过程

1.用刀尖将砧木的皮层挑开，将芽片放入，芽朝上。可以用嫁接刀抵在芽接合处。

2.用嫁接刀切掉接芽超出砧木上横切口的部分。如果有必要，用拇指和食指捏住开口的两侧树皮调整芽眼。

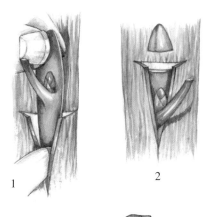

1   2

3.现在只剩用酒椰叶纤维绳进行绑扎了。从T形的下部开始，绳子交叉系紧，然后向上缠绕，勒紧，但不要过度，最后要缠十几圈，缠的过程中将芽和叶柄露出来。

3

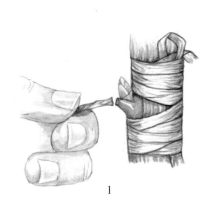

1

嫁接后的管理

1.在嫁接后15天左右，嫁接苗才会恢复生长。此时叶柄变干，容易脱落。如果叶柄没有脱落，并且芽眼呈黑色，表明嫁接苗没有成活。

2.一个月以后，用嫁接刀切断接芽对侧面的绳结，为它解绑。

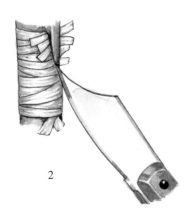

2

3.6—7月，接芽开始长大。在接下来的几周里，要不断抹掉接芽周边生出的新萌芽。

4.用绳子将新梢绑在砧木条上，注意不要伤到它，新梢生长得快，所以绳子不用勒得太紧。羊毛绳就合适，但芦苇草绳（灯芯草绳）更好，因为在几个月后它们会自然而然地变松。不要用酒椰叶纤维，也不要用含金属的绳子。要定期检查绳子是否还有效力。

5.秋冬过后，在嫁接后的来年初春，将正在长成的新梢上方的砧木锯掉。

所有健康、生长状况良好的柑橘都适合嫁接。

柑橘的冠接

在4—5月进行冠接，这时树液已大量存在于砧木树皮下面。

当砧木的直径达10厘米以上时，可以在切面四周均匀插入2～3个接穗。

为春季嫁接采集接穗

1. 为采集嫁接枝条，至少要等到1月中旬，此时，树木完全休眠。如果树头上有健壮程度不同的枝条可供选择，不要选最健壮的徒长枝，也不要选那些孱弱的枝条，而是要选健壮且顶端结实的树枝用来嫁接。用剪刀小心地剪掉上面的叶子，只留下几毫米长的叶柄。

2. 如果准备嫁接多棵树、多个品种，那么要将接穗按品种扎成捆，仔细给每一捆贴上结实耐用的标签。成功嫁接的重要条件之一就是接穗的保存。接穗不能干枯，也不能发芽。最保险的方法就是将其用食品保鲜膜包起来，放在冰箱里面。

准备砧木

1. 在选定的高度将砧木锯断。用剪刀修整切面四周区域，因为用锯子锯会导致砧木断面呈锯齿状。这项预防性操作很有必要，有助于形成瘢痕圈。

2. 用嫁接刀切一个8～10厘米长的纵向切口，切的深度是切透树皮即可。

3. 用刀尖将树皮撬起。

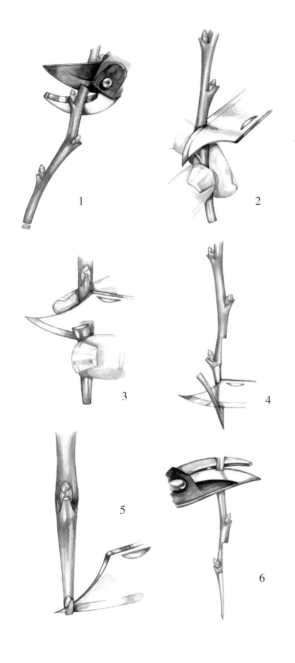

1

2

3

4

5

6

准备接穗

1. 从枝条的中间部位剪取一个或多个接穗。

2. 一只手拿着接穗，用食指作为支撑，用嫁接刀在芽眼基部的对侧面轻轻切一个横切口，然后，刀片低一点，稍稍去掉一些树皮屑。

3. 把接穗转过来，将嫁接刀放到刚刚做的切口处，拇指撑住树皮，用力直接拉削。

4. 将接穗背面顶端削切成斜面，以防止在插入时树皮卷起。

5. 由于接穗有一侧要贴合在砧木未撬起的树皮部分，所以要在这一侧去掉一小片树皮。

6. 最后，剪掉多余的部分。

接合过程

1. 将接穗插入掀开的树皮下面，一直到接穗切口顶部抵在砧木的木质部上。

1

2.用结实的酒椰叶纤维或细线绑扎砧木和接穗。

3.在所有表面裸露的伤口处大量涂胶，不要忘记接穗的顶端也要涂抹。

4.为了避免折断，在树干上固定坚固的树枝，以便在恢复成活期保护接穗。

5.为防止嫁接苗脱水，在上面套一个塑料袋，持续三周。

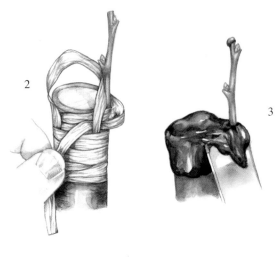

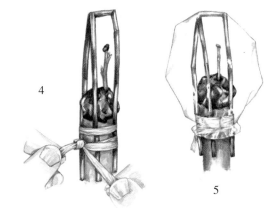

嫁接后的管理

1.在接下来的几周，一直到8月，会有很多嫩芽沿着树干长出来。最初，去掉一部分嫩芽，随着它们的生长，去掉大约一半。那些留下用来"召唤"树液的枝条，等超过15厘米就剪掉。

2.当嫁接苗芽眼上发出的嫩芽超过20厘米时，就将树干上的其他枝芽完全清理掉。

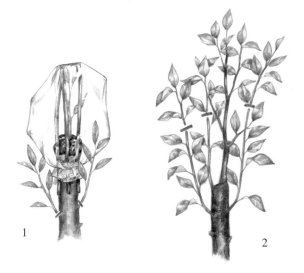

扁　桃

拉丁学名：*Prunus dulcis*

　　扁桃是原产于地中海和西亚温带地区的一种果树。此种树开的花美丽迷人，但是因为花期太早，使得它在法国南部的栽种区域缩小。虽然如此，法国南部还是培育了多个品种，具有自花不育的特征。要想水果高产，必须在同一果园中将多个品种搭配种植。

> 选择砧木
> 　　可以嫁接扁桃的砧木有：
> 　　—实生扁桃，不仅适宜贫瘠的土地，而且适合于排水良好的优质土壤；
> 　　—实生纯桃树，适宜非石灰质土壤；
> 　　—图卢兹大马士革李子树，适宜重质土；
> 　　—扁桃与桃树杂交品种嫁接的效果好。

扁桃的劈接

采集接穗

　　1.提取用于嫁接的枝条至少要等到1月中旬，此时，经过若干天的霜冻后，树木完全休眠，树液也已经完全离开树木顶端。

　　如果一棵树的树头上有健壮程度不同的枝条可选，不要选那些最健壮的徒长枝，也不要选那些孱弱的枝条，而是要选健壮、顶端结实的枝条。

> 扁桃嫁接的方法：3—4月在李子树上进行劈接，为了达到更好的嫁接效果，可在8月进行芽接，可使用各种砧木。

　　2.如果准备嫁接多棵树、多个品种，那么要将接穗按品种扎成捆，仔细给每一捆贴上结实耐用的品种标签。只选健康的枝条，没有伤口，没有明显病害。

　　当心那些啮齿动物，它们在冬季缺少食物的时候会去咬噬这些枝条。

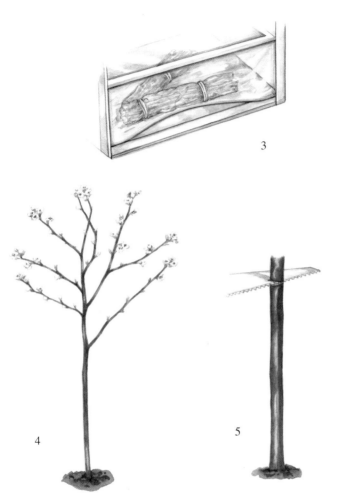

3

4

5

3. 成功嫁接的重要条件之一就是接穗的保存。接穗不能干枯，也不能发芽。最保险的方法就是包上食品保鲜膜，放在冰箱里面。

也可以按照古老的方式保存，在太阳绝不会照到的地方，例如建筑物的北面，将其埋入十几厘米深的土或沙子里。

4. 在春季嫁接时期，接穗与砧木的生长状态要处于不同阶段，接穗的芽眼不能鼓起来，而树液已大量存在于砧木中。这是劈接的信号。

5. 如果想培育半高树木，要在离地面约1.3～1.5米处进行操作；如果想培育高生树，树干高度要达到1.8～2米。

嫁接就像外科手术，需要非常细心谨慎。使用锋利的工具以避免切割不畅或留下木屑，而木屑会有害愈合。工具必须干净，上面没有泥土，没有锈，还必须用酒精消毒，这样可以确保伤口快速愈合好，果树长得坚实。

准备砧木

在确定好的高度，用剪刀或锯给砧木去掉顶梢，用嫁接刀仔细整修切面，使切面保持清洁。

当手脏、下雨或霜冻时，都不要进行嫁接。

采集接穗

1.用一块干燥非毛绒的抹布从下向上擦拭接穗，以擦掉上面可能存在的泥土颗粒。应该使用的是接穗的中间部分，既不能用基部，也不能用顶端，因为基部的芽眼经常不饱满，顶端往往木质化程度不够。

2.去掉不用的这两部分后，在最下面芽眼的底部旁削出两个斜面，从而将接穗底部削切成舌面形状。芽眼要在斜面的最宽一侧旁。

接合过程

1.用一把固定柄的嫁接刀在砧木上三分之一厚度的地方劈切，以木槌轻敲刀刃，刀可以容易地进入6～8厘米。

2.不要抽出嫁接刀，摁住刀，把接穗放入刀尖撑开的口中。

3.将接穗插入劈口，一直插到斜面的顶端，使接穗的树皮与砧木的树皮对齐，确保两者的形成层接触。

4.抽出嫁接刀，不要用力。现在，接穗将劈口两侧树皮撑开，接穗也被紧紧夹住了。

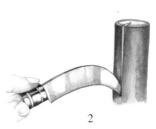

5.尽管木质部分可以自然束紧，但是要确保更结实，用酒椰叶纤维绳绑扎显得很必要。用拇指系紧酒椰叶纤维绳的一头，从上向下缠绕几圈，然后打个结扣，扎紧。

6.将嫁接苗的各个面涂上胶，尤其是砧木平面和劈口，劈口必须封填好，特别是不要忘了接穗上部。针尖大小的缝隙都可能会影响嫁接苗的成活。

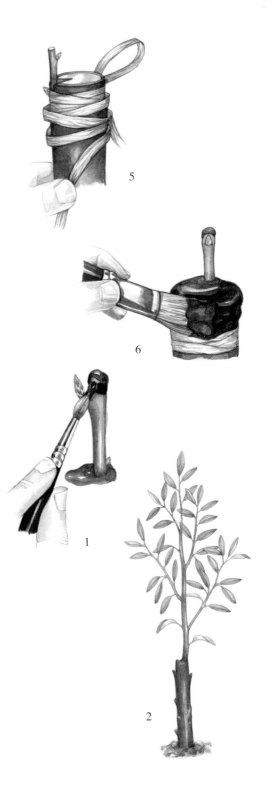

5

6

嫁接后的管理

1.在嫁接后的几天里，一定要检查砧木或接穗是否缺胶，因为有可能流胶或涂抹时遗漏了。如果有必要，应该补胶。

在接下来的几周里，直到8月，会沿树干生出大量萌芽。

2.抹掉从树干底部到1米高度生出的所有嫩芽，紧挨接芽周围长出的芽也要去掉。

1米高到接芽之间的出芽留下一半，以便引来树液滋养接穗。当这些芽长到20厘米长时，去掉一半。

当接芽芽眼上长出的嫩枝超过20厘米时，就将树干上的其他枝芽完全清理掉。

1

2

扁桃的芽接

夏季，可以在扁桃基部嫁接根部生长好的一年生幼苗，或者在想要的高度嫁接嫩枝。

准备砧木

清理苗木基部要插入接穗的部位，清除掉距地面至少10厘米处的所有嫩芽，然后用一块干抹布仔细擦掉可能存在的泥土颗粒。在树干基部嫁接时，尤其要注意这项操作。

1

准备接穗

1. 采集接穗的最佳时间是早晨。用剪刀剪掉所有的叶子，一定要留下约半厘米长的叶柄。接穗必须是从要嫁接品种的树木上剪取的当年的嫩枝，要长得健壮，长度可以达到60厘米。底部和顶端的芽眼没有用处，它们也没有机会繁殖生长，尤其是顶端芽眼，不够饱满或木质化程度不够。

2. 在等待操作期间，将刚刚采集的接穗保存在一个桶里，放到阴凉的房间，接穗底部插入5厘米深的水中。条件良好的话，这样可以保存至少3天。

2

接合过程

1. 接芽应该放置于离地4～5厘米的高度，在树皮最为光滑的部分。要培育成半高树，应在树干1.5米高的地方操作；要培育成高生树，应在1.8米高的地方操作。用嫁接刀在相应高度切一个横切口，切的深度是切透树皮即可。

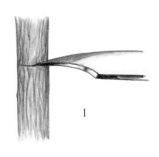

1

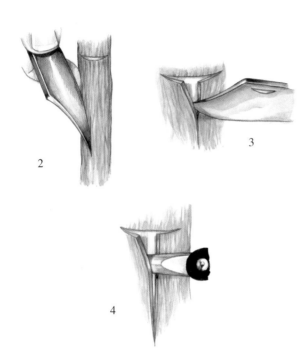

2.嫁接刀垂直拿着，刀尖朝下，在距离横切口1厘米的地方，把刀尖插入，切透树皮，从下向上做一个垂直开口，一直到与横切口相接。

3.保持嫁接刀的位置不变，向侧面轻轻撬起树皮。

4.将刀尖插到"T"字形顶端的树皮下，一侧从上到下，另一侧从下到上，掀起树皮。

提取芽眼或接芽

1.一只手拿着枝条，另一只手拿着嫁接刀，选择好芽眼后，在芽眼下约2厘米的地方切一个侧切口。

2.然后在芽眼上方2厘米处，把刀片中间部位插入，切取包括芽眼的一薄片树皮，刀片向刀尖方向拉削移动。取下接芽时，带着一点木质是正常的。由于木质的存在可能影响接芽的成活，所以必须去掉。注意，如果芽眼被掏空了，接芽可能会成活，却不会长出芽。在出现这种情况时，一定要换用另一个芽眼。

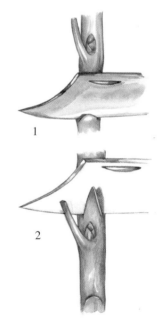

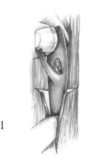

接合过程

1.用刀尖将砧木的树皮撑开，将接芽放入，芽眼向上。刀尖抵在芽眼接合处，让接芽自己滑入。

2.用嫁接刀切掉接芽超出砧木横切口的部分。如果有必要，用拇指和食指捏住开口的两侧树皮调整芽眼。

2

3.用酒椰叶纤维绳绑扎操作整体，从T形的下部开始，绳子交叉系紧，然后向上缠绕，缠十几圈，勒紧，但不要过度，缠的过程中将芽眼露出来。

3

嫁接后的管理

1.嫁接后15天左右，嫁接苗才会恢复生长。此时，叶柄变干，容易脱落。如果叶柄没有脱落，并且芽眼呈黑色，表明嫁接苗没有成活。一个月以后，用嫁接刀切断接芽对面的绳结，为它松绑。

来年春天，进行接芽的分株：将嫁接苗上方10厘米以上的砧木去掉，抹除切面和接芽之间的芽眼。留下来的10厘米木头作为支柱，用来绑缚固定还很脆弱的嫩芽。

2.4月期间，嫩接芽开始生长。在接下来的几周里，随着嫩芽的生长，所做的工作就是不断地抹掉支柱上、接芽处和接芽下面长出来的萌芽。

3.用绳子将新梢绑在支柱上，注意不要伤到它，新梢生长得快，所以绳子不用勒得太紧。羊毛绳就合适，但芦苇草绳（灯芯草绳）更好，因为在几个月后它们会自然而然地变松。不要用酒椰叶纤维，也不要用含金属的绳子。要定期检查绳子是否还有效力。

4.来年8月，当健壮的新梢长到几十厘米时，用剪刀除去支柱，因为这时支柱已经没有用处了。

1

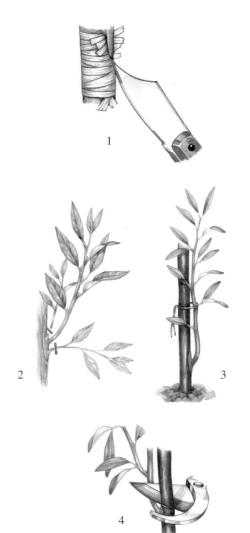

2

3

4

樱桃树

拉丁学名：*Prunus cerasus*，*Prunus avium*

　　结甜味樱桃的品种，称为甜樱桃树，结酸味果实的品种，称为酸樱桃树。这种果树生命力旺盛，生长迅速。在法国，樱桃树的种植范围非常广泛，但海拔1000米以上就见不到它们的身影了。樱桃树喜疏松、透气性好、土层深厚的土壤，忌黏重土质，在黏重土中无法存活。

　　由种子自己发芽长大的欧洲甜樱桃树，结出的几乎总是微酸或酸且小的果实。想要结出甜樱桃，必须嫁接。

何时及如何嫁接樱桃树？

　　可以在初春嫁接樱桃树，在长出芽眼的时候，树液开始上升，不再怕强霜冻。也可以在7月中旬至8月中旬之间进行芽接，那时树液正在慢慢地离开树木。

　　春季，樱桃树的嫁接可采用不同的方式：劈接、舌接、镶接。每种技术都应对不同的具体情况和限制条件。

选择砧木

　　我们可以在甜樱桃树或欧洲甜樱桃树上进行嫁接，这样可以培育出露天环境下的高大果树。马哈利樱桃树或圣-卢西亚樱桃树，尤其适合贫瘠、石灰质甚至多石的土地，可以培育出中等型果树。

为春季嫁接采集接穗

　　1.采集用于嫁接的枝条至少要等到1月中旬，那时，经过若干天的霜冻后，树木完全休眠，树液也已经完全离开树木枝端。

1

　　如果果树头上有健壮程度不同的枝条可选，不要选那些徒长枝和孱弱的嫩枝（即那些长有小果眼的枝条），要选芽眼饱满、顶端结实的枝条。

嫁接樱桃树并不容易。为了嫁接成功，需要特别注意不同嫁接方法的原理，并且动作准确。最后，还必须仔细跟踪嫁接后的变化。

要选健康的枝条，没有伤口，没有明显病害。实际上，在有些枝条上会看到念珠菌，这是一种对樱桃树来说很可怕的真菌。

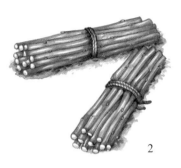

2

2.如果准备嫁接多棵树、多个品种，那么要将接穗按品种扎成捆，仔细给每一捆贴上结实耐用、醒目的标签。

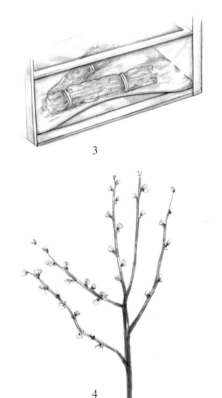

3

4

3.嫁接成功的重要条件之一就是接穗的保存，对于樱桃树来说，这点尤其要注意。在嫁接之前，接穗绝不能干枯，也不能继续生长。可以用食品类可拉伸透明薄膜把接穗包起来，放在冰箱里面，使其保持良好状态。也可以按照古老的方式保存，在太阳绝不会照到的地方，例如建筑物的北面，将接穗埋入十几厘米深的土或沙子里。

冬季，要小心那些啮齿动物，它们在缺少食物的时候会去咬噬接穗。

4.在初春进行嫁接。这时，接穗和砧木的生长状态处于不同阶段：接穗的芽眼还没有鼓起，而树液已经大量存在于砧木中了。

在多高的位置进行嫁接？

如果采用传统嫁接技术培育半高树，要在距离地面
1.3～1.5米的高度操作；若想培育高生树，操作高度要
达到1.8～2米。不要忘记樱桃树会长得很高，而且后期
还要采摘果实和进行维护。目前提倡矮秆嫁接，因为嫁
接部位越高，管理越不方便。可以根据自己的实际情况，
选择嫁接位置。

> 幼年的樱桃树，只要健康、生长状况良好，就适合嫁接。

樱桃树的劈接

劈接法适用于直径2～5厘米的树干。

准备砧木

在确定好的高度，用剪刀或锯给准备嫁接的砧木去
掉顶梢，用嫁接刀仔细整修切面，使其保持干净平滑。

> 可春季嫁接的砧木是欧洲甜樱桃树。

准备接穗

通常使用的是枝条的中间部分，而不是芽眼常常
不够饱满的底部，也不是木质化程度不够的顶端。

当把不用的这两部分去掉之后，在最下面芽眼的
底部旁削出两个斜面，从而将接穗底部削切成舌面形
状。芽眼要在斜面的最宽一侧旁。

接合过程

1.用一把固定柄的嫁接刀在砧木上三分之一厚度的地方劈切，用木槌轻敲刀刃，刀可以容易地进入6～8厘米。

手脏、下雨或霜冻时，都不要进行嫁接。

1

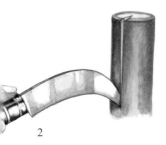

2

2.不要抽出刀，摁住刀，将接穗插入劈口，一直到斜面的顶端，使接穗的树皮与砧木的树皮对齐，确保两者的形成层接触。

3.之后抽出嫁接刀，不要用力。现在接穗将劈口两侧树皮撑开，接穗也被紧紧夹住了。

4.尽管木质压力可以自然束紧，但是要确保结实，用酒椰叶纤维绳绑扎显得很必要。用拇指系紧酒椰叶纤维绳一头，从上向下缠绕几圈，然后打个结扣，扎紧。

3

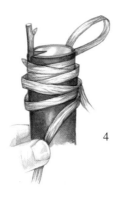

4

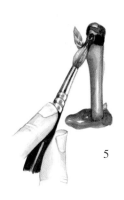

5. 将嫁接苗的各个面涂上胶，尤其不要忘记接穗上部。即使是针尖大的地方缺胶，也可能会影响嫁接苗的成活。

5

使用锋利的工具以避免切割不畅或留下木屑，影响愈合。工具必须干净，上面没有泥土，没有锈。用酒精消毒，确保工具上面没有病原真菌和病毒。这些预防措施可以使接穗快速愈合，确保果树寿命长久。

樱桃树的镶接

镶接比劈接更难实现，但这种方法对砧木的创伤小，几年时间内，"手术"的影响就会完全消失。和劈接一样，这种嫁接技术也适用于树干直径为2～5厘米的果树。

准备接穗

1. 从长度中等的枝条上取接穗，上面要保留三个饱满的芽眼。

2. 用拇指和食指紧紧捏住接穗，在其基部切出两个尖锐、形状为楔子的斜面，斜面顶部始于芽眼的底部。

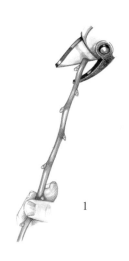

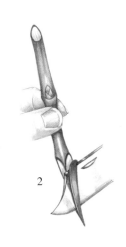

1

2

准备砧木

1.用锯或剪刀在想要的高度截断砧木，用嫁接刀将切面修整干净。

2.在砧木顶端，用刀尖去掉一块木质，留出一个与接穗上的楔子形状吻合的槽口。

这个操作需要准确而快速。可以将事先准备好的枝条拿出来，按照要实现的切口角度模仿着做。

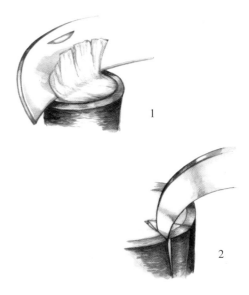

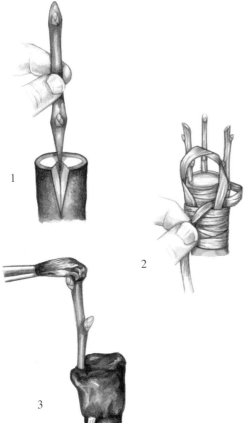

接合过程

1.将接穗用力插入砧木上的槽口中，直到接穗基部的芽眼与砧木横切口对齐，也就是直至接穗的斜切面顶端。要好好调整接穗，使接穗与砧木的形成层接触。

2.为确保嫁接苗安全挺立，用酒椰叶纤维绳将其绑扎结实。在嫁接苗上从上向下缠绕几圈，最后用活扣系住。

3.用抹刀或刷子涂上嫁接胶，要注意覆盖住所有有明显伤口的区域，嵌入的芽眼也要涂胶。

樱桃树的舌接

当砧木直径与接穗直径差不多相同时，可以使用舌接。这种技术尤其适用于直径都很小的砧木和接穗，粗度等于或小于一个小指头那样。

强烈建议在操作中加入一个小妙招：削一个小槽口，将会使接穗与砧木完美接合。

切削砧木

将砧木切出一个长度约5厘米的规则斜面。

准备接穗

1. 接穗上应该有3个芽眼。在要保留的芽眼的另一侧切出一个5厘米的规则斜面，斜面的方向向着枝条基部。

2. 在砧木和接穗上的斜面中间各做一个槽口，这样可以将两部分紧密地接合。

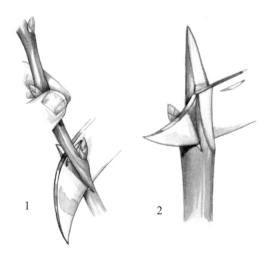

1

2

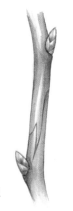

1

接合过程

1. 可以非常轻松地将砧木和接穗这两部分接合，因为其角度和斜面是互补的。之前的槽口可以将整体紧密地固定住，确保稳定。

2.酒椰叶纤维绳是必不可少的。在嫁接操作的整个部位，用酒椰叶纤维绳从上向下紧紧缠几圈，使形成层接触好。

3.按照常规，用刷子将嫁接胶涂抹在操作中暴露在外的部分，不要忘记涂抹接穗的顶端。

在嫁接后的几天里，一定要检查嫁接苗，看看砧木或接穗上有没有哪个地方缺胶，因为有可能流胶或涂抹时遗漏了。如果有必要，应该补胶。

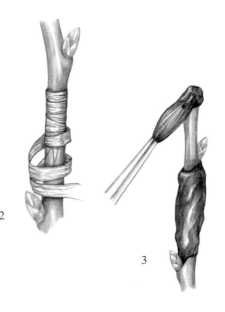

嫁接后的管理

1.在嫁接后的几周里，一直到8月，会沿着树干长出很多嫩芽。起初，抹掉从树干底部到1米高处生出的所有嫩芽，紧挨接芽周围长出的芽也要去掉。

2.留下一半1米高到接芽之间的出芽，以便让树液滋养接穗。当这些芽长到20厘米长时，去掉一半。当嫁接苗芽眼生出的嫩枝超过20厘米时，就可以完全清理掉树干上的其他枝芽了。

樱桃树的芽接

从7月中旬开始，就可以用芽接法嫁接樱桃树了。正常情况下，从这个时候树液就开始降低活跃度了。

如果气候炎热湿润，植物生长旺盛，最好再耐心一点，等到8月20日再嫁接，甚至可以更晚。

适合芽接的砧木为圣-卢西亚樱桃树和欧洲甜樱桃树。

嫁接的高度

1.如果要培育限制形状的果树，也就是以圣-卢西亚樱桃树作为砧木，芽接操作要贴近地面进行，大约是距离地面5厘米的高度。

2.如果要在树干上形成一个高高的树冠，也就是以欧洲甜樱桃作为砧木，可以在离地面1～2米的高度进行。这种嫁接专门用于粗度接近一根手指那么粗的砧木。

1

2

准备砧木

1.对于在基部进行嫁接的苗木，要在苗木基部留出位置，用来放置接穗。将距离地面至少10厘米范围内的所有嫩芽都去掉，然后用干抹布仔细擦拭，以擦掉可能存在的泥土颗粒。

2.在要进行芽接的区域内，仔细清理掉树干上20厘米范围内的所有芽和枝叶。

1

2

采集接穗

1. 这项操作需要特别注意，因为要采集的枝条上都有着饱满、成熟的芽眼。如果可能，应该选择母株上中等健壮、侧生的枝条。

即使不是立刻嫁接，也最好是在早晨提取接穗枝条。用剪刀将叶子剪掉，不要直接用手掰，叶柄必须保留大约半厘米的长度。

> 为了有助于选定的接穗成熟，在提取接穗嫁接前15天，要对其进行修剪。修剪的方法是将枝条顶端几厘米范围内正在长出的嫩芽剪掉。

> 接穗枝条应是从要嫁接品种的树木上采集下来的当年嫩枝，也就是长达60厘米的十分健壮的嫩枝条。

2. 在等待操作期间，将刚刚采集的接穗保存在一个桶里，放到阴凉的房间，将接穗底部插入5厘米深的水中。条件良好的话，这样可以保存至少3天。

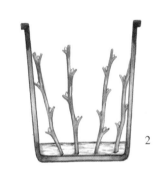

底部和顶端的芽眼没有用处，因为它们没有机会繁殖生长，尤其是顶端芽眼，它们不够饱满或木质化程度不够。

在苗木基部进行嫁接

切割砧木

1. 接芽应该放置于距离地面4～5厘米的高度，在树皮最为光滑的部分。手握嫁接刀，在这个高度切一个横切口，切的深度是切透树皮即可。

2. 嫁接刀垂直拿着，刀尖朝下，在距离横切口1厘米的地方，把刀尖插入，切透树皮层，从下向上做一个垂直开口，直至与横向切口相接。

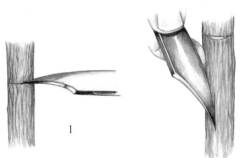

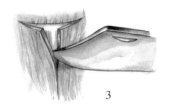

3

3. 保持嫁接刀的位置不变，向侧面轻轻撬起树皮。

4. 在树液丰富的砧木上撬起树皮应该是很容易的。将刀尖插入"T"字形顶端的树皮下，一侧从上到下，另一侧从下到上，掀起树皮。

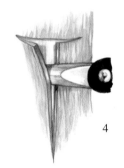

4

提取芽眼或接芽

1. 一手拿着接芽，另一只手拿着刮刀。选好芽眼后，在芽眼下方约2厘米处切一个侧切口。

2. 把刀片中间部位插入芽眼上方2厘米处，切取包括芽眼的一薄片树皮，刀片向刀尖方向拉削移动。

3. 取下接芽时，带着一点木质是正常的，但由于木质存在可能影响接芽的成活，所以必须去掉。

4. 如果芽眼被掏空，接芽可能会恢复生长，却不会有芽生出。当出现这种情况时，一定要换用另一个芽眼。

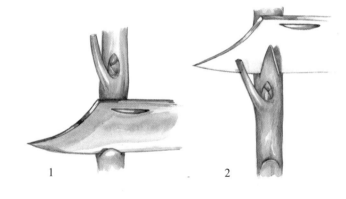

1

2

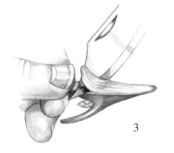

3

4

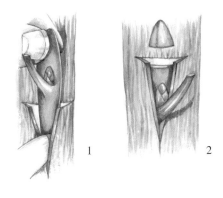

1 2

接合过程

　　1.用刮刀将砧木的树皮撑开，将接芽放入，芽眼朝上。

　　2.用嫁接刀切掉接芽超出砧木上横切口的部分。如果有必要，用拇指和食指捏住开口的两侧树皮调整芽眼。

　　3.用酒椰叶纤维绳绑扎嫁接整体，从T形的下部开始，绳子交叉系紧，然后向上缠绕，缠十几圈，勒紧，但不要过度，缠的过程中将芽眼露出来。

3

在树干高处进行嫁接

　　按照与在苗木基部嫁接操作同样的要求和顺序进行。

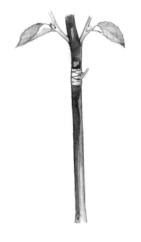

1

嫁接后的管理

　　1.在嫁接后15天左右，嫁接苗才会恢复生长。此时，叶柄变干，容易脱落。如果叶柄没有脱落，并且芽眼呈黑色，表明嫁接苗没有成活。

2．一个月以后，用嫁接刀切断接芽对面的绳结，为它松绑。

3．来年春天，进行接芽的分株：将接穗上方10厘米以上的部分去掉，抹除切面和接芽之间的芽眼。留下来的10厘米木头作为支柱，用来捆绑固定还很脆弱的嫩芽。

4．4月期间，嫩接芽开始生长。接下来的几个星期，要不断地把支柱上长出的嫩芽都去掉。

5．用绳子将新梢绑在支柱上，注意不要伤到它，新梢生长得快，所以绳子不用勒得太紧。羊毛绳就合适，但芦苇草绳（灯芯草绳）更好，因为在几个月后它们会自然而然地变松。不要用酒椰叶纤维绳，也不要用含金属的绳子。要定期检查绳子是否还有效力。

6．来年8月，当新梢或果树的新树冠都长得健壮了，用剪刀剪去支柱，因为这时支柱已经没有用处了。

栗 树

拉丁学名：*Castanea sativa*

栗树是一种落叶树，叶子长，叶缘为锯齿状。它和橡树及山毛榉都属于山毛榉科。栗树只有在非常适宜的条件和环境下才会长得旺盛，在法国中西部和南部，科雷兹、阿尔代什和科西嘉普遍栽种。栗树不喜石灰质土壤，也不喜干旱和贫瘠的土地，喜欢富有腐殖质的酸性土壤。

如何获得嫁接用栗树？

1.在收获的栗子中，挑选最漂亮的栗子，把它们埋在新鲜的沙子里免受严寒冰冻，一直埋到春季。花园里最温和的地方就是最佳播种地，用细栅栏把栗子围圈保护起来以防老鼠啃咬。

任何健康和生长状况良好的栗苗都适合嫁接。

虽然栗树同株上有雄性花和雌性花，但必须优化树木之间的授粉条件，才能结得优质果实。也就是说，应在同一个果园中栽种互补的品种促进交叉授粉。嫁接就是一种可靠的繁育栗树的方法。如果我们已经注意到某个品种果实品质卓越并希望获得，那么就进行嫁接吧。

2.仔细观察出芽情况，一般次年初春就会出芽。当首批芽出现时，立即栽种栗苗，将其埋进5厘米深的土里。

2

3.需要让栗苗生长2～3年，才能获得野生苗，这种野生苗可用于嫁接挑选品种。

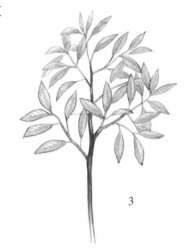

3

何时及如何嫁接栗树？

应在春季在芽眼长出时嫁接栗树，这时树液开始上升，不再害怕强霜冻。

春季嫁接栗树可以用不同方法，尤其是劈接和冠接，也可以采用被称为嵌芽接的方法。

提取接穗

1.提取用于嫁接的枝条至少要等到1月中旬，那时，经过若干天的霜冻后，树木完全休眠，树液也已经完全离开树木枝端。如果一棵树的树头上有健壮程度不同的枝条可选，不要选那些最健壮的徒长枝和孱弱的枝条，应选健壮、顶端结实的枝条。

1

要选健康的枝条，没有伤口，没有明显病害。

2.如果准备嫁接多棵树、多个品种，那么应将接穗按品种扎成捆，仔细给每一捆贴上结实耐用的品种标签。

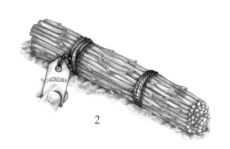

2

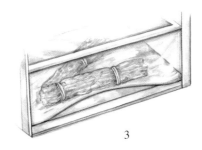

3

3.栗树成功嫁接的重要条件之一就是接穗的保存。接穗不能有任何变化，尤其不能干枯。最保险的方法就是包上食品保鲜膜，放在冰箱里面。

也可以按照古老的方式保存。在太阳绝不会照到的地方，例如建筑物的北面，将其埋入十几厘米深的土或沙子里。冬季，小心那些啮齿动物，它们在缺少食物的时候会去咬噬枝条。

选择最佳嫁接时间

初春嫁接，接穗与砧木的生长状态要处于不同阶段，接穗的芽眼不能鼓起来，而树液已大量存在于砧木中。

手脏、下雨或者霜冻时，不要进行嫁接。

嫁接的高度

如果要生成一棵高生树，在1.8～2米高度的树干上进行嫁接。

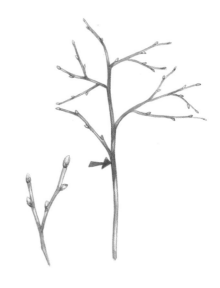

选择砧木

下面是可以用来嫁接栗树的砧木清单。这些砧木都来自法国国家农艺研究所的精挑细选。栗疫病曾经造成栗树大量死亡，面对栗树要消失的预言，该研究所致力于研究对这两种病更有抵抗力的植株。

苗圃专业人员使用最多的品种有：费罗萨克(Ferosacre)，马拉瓦(Maraval)，马里古尔(Marigoule)，马尔哈克(Marlhac)，马索(Marsol)。

还可以在实生栗树上嫁接栗树。

栗树的劈接

劈接法适用于树干直径2～5厘米的砧木。

准备砧木

在确定好的高度，用剪刀或锯给砧木去掉顶梢，用嫁接刀仔细修整切面，使其保持清洁干净。

准备接穗

1.应该使用的是枝条的中间部分，既不能用底部，也不能用顶端，因为底部的芽眼经常不健康，顶端又木质化程度不够。

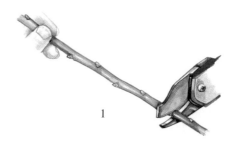

1

2. 去掉不用的这两部分后，在最下面芽眼的底部旁削出两个斜面，将接穗底部削切成舌面形状，芽眼要在斜面的最宽一侧旁。

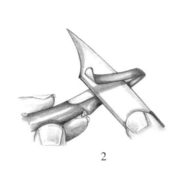

2

嫁接就像是外科手术，需要非常细心。工具必须干净，上面没有泥土，没有锈。可用烧酒或稀释漂白水消毒，确保不存在病原真菌和病毒。这些预防措施可以使接穗快速愈合，确保果树的寿命长久。要定期检查嫁接刀的切割状况是否良好。

接合过程

1. 用一把固定柄的嫁接刀在砧木上三分之一厚度的地方劈切，用木槌轻敲刀刃，刀可以容易地进入 6 ~ 8 厘米。

2. 不要撤掉嫁接刀，摁住刀把，使切口张开，把接穗放到开口处。

3. 将接穗插入劈口，一直到斜面顶端，使接穗皮层与砧木皮层对齐，确保砧木和接穗的形成层相接触。

4. 撤掉嫁接刀，不要用力，接穗将劈口两侧树皮撑开，接穗也被紧紧夹住了。

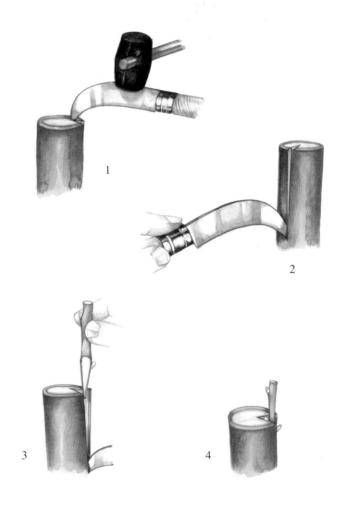

1

2

3

4

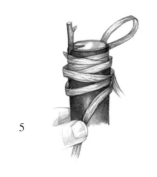

5.尽管木质部分可以自然束紧，但是要确保结实，用酒椰叶纤维绳绑扎显得很必要。用拇指系紧绳子一头，从上向下缠绕几圈，然后打个结扣，扎紧。

6.将嫁接苗的各个面涂上胶，尤其是砧木平面和劈口。劈口必须封填好，尤其不要忘了接穗上部。针尖大小的地方缺胶都可能会影响嫁接苗的成活。

栗树的冠接

在4—5月进行冠接，这时树液已经存在于砧木皮层下。这种嫁接方式也适用于品种不是太好或树木没有生殖力的情况。可以在较晚的时候嫁接，也就是砧木已经长出一些芽的时候。

准备砧木

1.用锯锯一个剖面，用嫁接刀修整切面四周区域，因为锯会导致木头呈锯齿状，这个操作有助于形成瘢痕圈。

2.用嫁接刀切一个8～10厘米的纵向切口，切透树皮即可。

3.用木头一角或螺丝刀将树皮撬起。

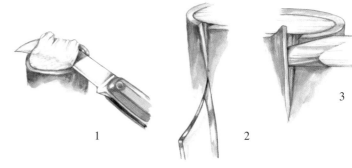

准备接穗

1.从枝条的中央部位截取接穗，以便利用上面3个饱满的芽眼。

2.一只手拿着接穗，粗的部分向前，以食指作为支撑，用嫁接刀在芽眼底部对侧面轻轻切一个横切口。然后，刀片低一点，稍稍去掉一些树皮屑。

3.把接穗转过来，嫁接刀放到刚刚做的切口那，用拇指撑住树皮，用刀用力拉削移动。

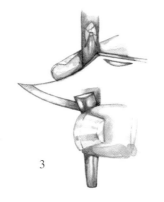

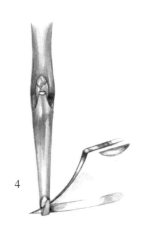

4.将接穗背面顶端削切成斜面，以防止在插入时树皮卷起。

5.由于接穗有一侧要贴合在砧木未撬起的树皮部分，所以在这一侧去掉一小条树皮。

6.剪掉第三个芽眼上面的部分。

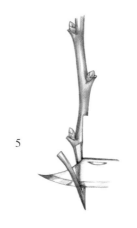

接合过程

1.插入接穗,将其滑进撬起的树皮下,一直到接穗切口顶部抵在砧木的木质上。如果砧木直径大,重复此操作三次,将接穗等距离放置成三角形。

2.用结实的酒椰叶纤维绳或由天然纤维制成的细绳子绑扎嫁接木,使砧木树皮紧贴接穗。

3.在操作结束时,要充分涂抹所有明显裸露的伤口,不要忘记3个接穗的顶端。

4.这种嫁接木很吸引鸟类,鸟栖息在上面可能会造成接穗折断,所以要在树干上固定结实的枝条来保护接穗,也可以捆上塑料薄膜,避免鸟类为害。

1

2

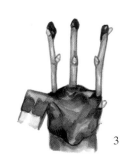

3

4

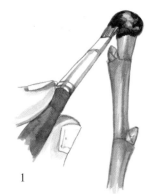

1

春季嫁接后的管理

1.在嫁接后的几天里,一定要检查砧木或接穗是否有哪个地方缺胶,因为有可能流胶或涂抹时遗漏了。如果有必要,应该补胶。

2.在嫁接后的几周，一直到8月，会沿着树干长出很多嫩芽。

起初，抹掉从树干底部到1米高范围内生出的所有嫩芽，紧挨接芽周围长出的芽也要去掉。

留下一半1米高到接芽之间的出芽，以便引来树液滋养接穗。当这些芽长到20厘米长时，去掉一半。

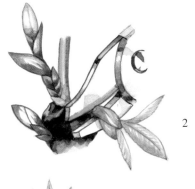

2

3.当接穗芽眼生出的嫩枝超过20厘米时，完全清理掉树干上的其他枝芽。

3

栗树的嵌芽接

于5—8月进行嵌芽接操作。嵌芽接与众所周知和被广泛采用的芽接技术很相似，成活率高，操作简单。这项技术需要特别锋利的工具，以便生成的切面非常平坦、无木屑。

采集接穗

1.选择当年生长的健壮的枝条做接穗，直径3～4毫米。

2.如果不是马上嫁接，就把接穗用食品保鲜膜包起来，保存到阴凉的地方。

1

2

准备砧木

1.用嫁接刀仔细清除嫁接区域几厘米范围内的所有萌芽，因为它们可能妨碍嫁接操作。为了安插接穗，要选择一个没有树节的平面。

1

2.嫁接刀成60°角，向下切一个约3毫米的纵向切口，这是第一个切口。

3.在第一个切口上面3厘米的地方再切一个切口。然后返回第一个切口，返回时不要挖到树皮。要完全取出掀起的树皮下的木质碎屑。

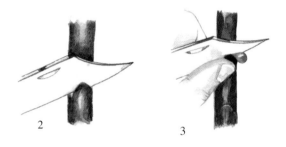

2　　　　　3

提取接芽

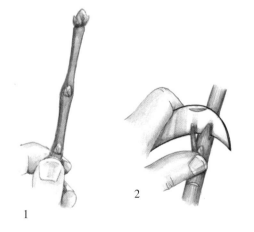

1　　　　　2

1.在选定接穗的中间位置提取一个芽，得到一个饱满的芽眼。

2.修剪接芽，与刚刚在砧木上所做的修剪基本相同，所不同的是包含一个芽眼。如果提取的芽眼上已经开始有萌芽生长（可能有这种情况），切掉待处理芽上面几毫米处的叶柄。

接芽的大小和外形应该与从砧木上取走的木质碎屑一致。

接合过程

1.把提取的芽放入砧木上的切口中。

2.用酒椰叶纤维绳缠绕几圈，固定整体。注意不要盖住芽眼，在操作中必须保持均匀用力，不要绑扎太紧。

嫁接后的管理

1.嫁接3周后，用剪刀剪掉或用锯锯掉嫁接点上面的砧木。

2.将切口完全涂上胶。清除掉沿树干生出的萌芽，随长随除，以便集中供养芽眼。

榅桲

拉丁学名：*Cydonia oblonga*

榅桲的果实香气浓郁，是加工糖果、果冻和果酱的理想食材。

榅桲的芽接

准备砧木

清理苗木基部要插入接穗的部位，将距离地面至少10厘米范围内的所有嫩芽都去掉。用干抹布仔细擦拭，清除有可能存在的泥土颗粒。

准备接穗

1. 即使不是马上嫁接，也最好在早晨采集接穗。用剪刀将叶子都剪掉，叶柄必须保留约0.5厘米的长度。

2. 接穗枝条应是从要嫁接品种的树木上采集下来的当年嫩枝，也就是长达60厘米的非常健壮的嫩枝条。

3. 在等待操作期间，将刚刚采集的接穗保存在一个桶里，放到阴凉的房间，接穗底部插入5厘米深的水中。条件良好的话，这样可以保存至少3天。

4. 底部和顶端的芽眼没有用处，因为它们没有机会繁殖生长，尤其是顶端芽眼，往往不够饱满或木质化程度不够。

1

2

3

4

切割砧木

1.接芽应该放置于距离面地4～5厘米的高度、树皮最为光滑的部位。

2.手握嫁接刀,在这个高度切一个横切口,切的深度是切透树皮即可。

3.垂直拿着嫁接刀,刀尖朝下,在距离横切口1厘米的地方,把刀尖插入,切透树皮层,从下向上做一个垂直开口,一直到与横向切口相接。

4.保持嫁接刀的位置不变,向侧面轻轻撬起树皮。

5.在树液丰富的砧木上撬起树皮应该是很容易的。将刀尖插入"T"字形顶端的树皮下,一侧从上到下,另一侧从下到上,轻轻掀起树皮。

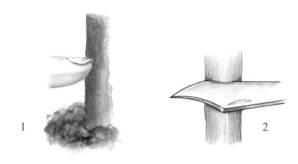

1

2

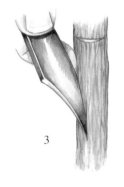

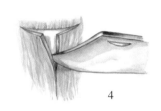

3

4

5

选择砧木

嫁接楩椊树应该使用的砧木是寻常楩椊树、昂热楩椊树或普罗旺斯楩椊树。普罗旺斯楩椊树适合石灰质土壤。

提取芽眼或接芽

1. 一只手拿着接穗，另一只手拿着嫁接刀。选好芽眼后，在芽眼下方约2厘米处切一个侧切口。

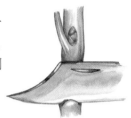

2. 在芽眼上方2厘米处，插入刀片中间部位，以切取包括芽眼的一薄片树皮，将刀片向刀尖方向拉削移动。

3. 取下接芽时，带着一点木质是正常的，但木质的存在可能影响接芽的成活，所以必须去掉。注意，如果芽眼被掏空，接芽可能会成活，却不会有芽长出。在出现这种情况时，就换用另一个芽眼。

可以在初春采用劈接法嫁接楒梓树，但是这样成活率没有保证。要想保证成活且长久，最好在夏季采用芽接方式。

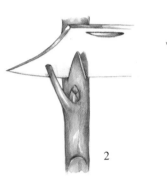

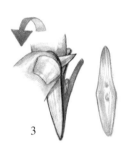

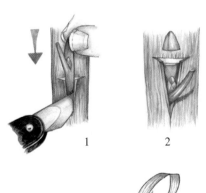

接合过程

1. 用刀尖将砧木的树皮撑开，将接芽放入，芽眼朝上。可以用刀尖抵在芽眼接合处，接芽会自己滑入。

2. 用嫁接刀切掉接芽超出砧木上横切口的部分。如果有必要，用拇指和食指捏住开口的两侧树皮，调整芽眼。

3. 从T形的下部开始，用酒椰叶纤维绳进行绑扎，绳子交叉系紧，然后向上缠绕，勒紧，但不要过度。最后要缠十几圈，缠的过程中将芽眼露出来。

嫁接后的管理

1. 在嫁接后15天左右，嫁接苗才会恢复生长。此时，叶柄变干，容易脱落。如果叶柄没有脱落，并且芽眼呈黑色，表明嫁接苗没有成活。一个月以后，用嫁接刀切断接芽对面的绳结，为它松绑。

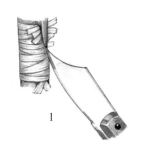

1

2. 来年春天，进行接芽的分株：将嫁接苗上方10厘米以上的砧木去掉，抹除切面和接芽之间的芽眼。留下来的10厘米木头作为支柱，用来绑缚固定还很脆弱的嫩芽。

2

3. 4月期间，嫩接芽开始生长。在接下来的几周里，随着嫩芽的生长，不断地抹掉砧木上长出来的萌芽。

3

4. 用绳子将新梢绑在支柱上，注意不要伤到它，新梢生长得快，所以绳子不用勒得太紧。羊毛绳就合适，但芦苇草绳（灯芯草绳）更好，因为在几个月后它们会自然而然地变松。不要用酒椰叶纤维绳，也不要用含有金属的绳子。要定期检查绳子是否还有效力。

5. 除去支柱，剪掉新梢发端位置以上的砧木。

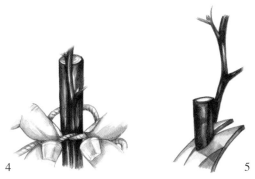

4   5

红醋栗和黑茶藨子

拉丁学名：*Ribes*

红醋栗（俗名红加仑）和黑茶藨子（别名黑加仑）只要不被杂草侵袭以及光照适宜，养护起来都很简单。它们尤其喜欢新鲜和排水良好的土壤环境，无法忍受地中海花园式的干燥。这类果树品种多样，果实的色彩和味道也不尽相同。

红醋栗和黑茶藨子的芽接

在7月底至8月初用芽接法嫁接。

准备接穗

接穗是当年生的幼枝，是那些树皮颜色较浅的树枝。将枝条上的叶子都去掉，只留0.5厘米长的叶柄。选择接穗中间的芽眼，因为这个位置上的芽眼最为饱满。

提取芽眼

1

1. 一手拿着接穗，另一只手拿着嫁接刀，在芽眼上方1厘米处横向割一个切口，切透树皮，再在芽眼下方1厘米处割出另一个切口。

2. 立刻将刀片从一个切口的树皮下滑割到另一个切口。如果芽眼下方带出了一些木质，轻轻用嫁接刀去掉，注意不要把芽掏空。

如果要改良不喜欢的品种，或培育小棵红醋栗树，嫁接是一种很实用的办法。与灌木的外形不同，红醋栗可以允许其他植物在旁边生长，而不会构成竞争。嫁接红醋栗使用的技术是芽接法。

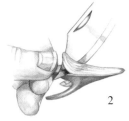

2

准备砧木

　　在砧木上想要形成红醋栗树头的地方割出一个T形。为此，先要割一个横切口，然后再割出一个约2厘米的纵切口。用刮刀将切口两侧的树皮掀起来。

1

选择砧木

　　使用从幼苗时期就开始培育、生长2～3年的红醋栗上面只保留一个枝干。

接合过程

　　1.捏住叶柄，将接穗滑入，一直到芽眼距离T形横切口1厘米处。将超出横切口以上的树皮层切掉。

　　2.用酒椰叶纤维绳绑扎几圈，绑结实但不要太紧。绑的过程中将芽眼露在外面。

2

嫁接后的管理

　　1.来年春天，当不必再怕霜冻并且接穗的芽眼开始萌发时，剪去接芽上方的砧木。这样，树液可以充分供养接芽。

　　2.为跟踪观察接芽的变化，也为了保证其生长，要不断地剪掉树干到接芽部位长出的嫩芽。

1

2

欧 楂

拉丁学名：*Mespilus germanica*

欧楂可长到5～6米高，树叶为暗绿色，秋天则变为美丽的橘黄色，5—6月开花，第一场霜冻过后，就可以收获果实欧楂了。欧楂味道有些奇特，只在熟烂后人们才会食用。用这种水果可以做出美味的果酱，其味道像是栗子酱。

在欧洲很多的树林中，常常会见到野生的欧楂树。不要将这种树和日本欧楂树（又称枇杷树，一种地中海地区的常青灌木）混淆。德国欧楂树是一种抗性强的树木，可以适应最贫瘠的土地和非常不利的环境，甚至是遮天蔽日见不到阳光的地方。

欧楂的芽接

嫁接要在7—8月进行，那时树液流动得不那么活跃了，但还没有完全停止。树液的存在有助于轻松采集到成熟度好的接穗，并能容易地掀开砧木的树皮，将接穗嫁接上去。

采集接穗

1.采集上一年5月开始生长的枝条。马上用剪刀剪掉上面的叶子，避免接穗干枯，留下0.5厘米长的叶柄。

1

2.如果不是马上嫁接，把接穗放在一个桶里，底端浸入5厘米深的水中，贮存到阴凉的地方。

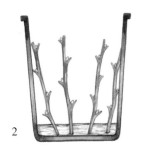

2

选择砧木

可使用的砧木为普通山楂树或大果山楂（*Crataegus oxyacantha*）。

准备砧木

1.嫁接前，去掉操作部位约10厘米范围内的所有分枝。如果树干上有会妨碍嫁接的枝叶，也将其完全清理掉。

用一块干燥非毛绒的抹布擦掉要操作区域上可能存在的泥土颗粒。在距离地面5厘米的高度进行嫁接时，尤其要进行这项操作。

1

2.右手拿嫁接刀，在砧木上树皮光滑的部位割一个横切口，切口深度是切透树皮即可。

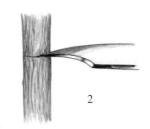

2

切这些切口时，一旦切开树皮层后感觉到一种抗力，表明不能再切深入了。

3.将嫁接刀的刀尖插入刚刚切出的横切口下方3厘米处，切出一个纵切口，形成一个T形。

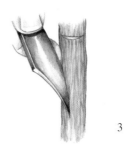

3

1

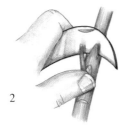

2

提取芽眼

1.接穗备齐，可以提取芽眼了。握紧接穗，基部朝下，选择接穗中间的芽眼，因为那是最成熟的地方。

2.要取下包括芽眼的一薄片树皮，首先在芽眼下方2厘米处切一个侧切口，然后把嫁接刀刀片中间部位插入芽眼上方2厘米处，嫁接刀向刀尖方向拉削移动，当刀片达到之前的切口时，芽眼就被提取出来了。

欧楂树可以通过播种繁殖，繁殖出的苗木生长缓慢，结出的果实个头小。通过嫁接技术，可以选择繁殖优良品种，并且由于砧木的特性，培育出的苗木比实生苗木生长更快、更健壮。

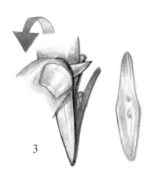

3

3. 去掉芽眼下的小木质，因为在大多数情况下，取下接芽时会带着一点木质部分，而它会阻碍愈合。检查芽眼是否被掏空：在光照下，如果芽眼透光，就是被掏空了。

接合过程

1. 用刀尖将T形上部的两侧树皮切开，把接穗插入，芽眼朝上，刀尖抵在芽眼结合处，借助刀尖将整个接穗插入。

2. 接穗的理想位置是芽眼位于T形纵切口的中间。切除接穗超出T形横切口的部分。

3. 树皮可以固定接穗，但这还不够。要完成操作，还须用酒椰叶纤维绳缠十几圈，不要束得太紧，缠的过程中将芽眼露出来。用左手的拇指撑住约20厘米长的酒椰叶纤维绳的末端，然后从低向高缠绕束紧，最后一圈应该松些，以便做个结扣，整体绑紧。

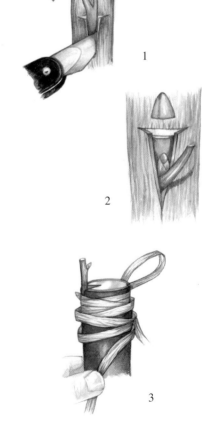

1

2

3

嫁接后的管理

1.在嫁接后的15天左右，接穗才会恢复生长。此时，干燥的叶柄容易脱落，如果没有脱落并且芽眼呈黑色，那就是嫁接苗没有成活。

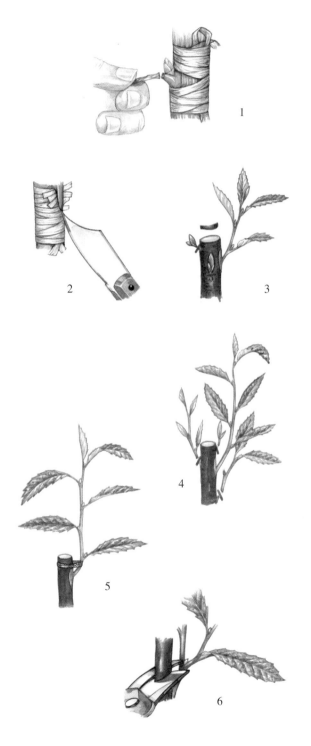

2.一个月以后，用嫁接刀切断接芽对面的绳结来给它松绑。

3.来年春天，进行接芽的分株：将接芽上方10厘米以上的砧木去掉，抹除切面和接芽之间的芽眼。留下来的10厘米木头作为支柱，用来捆绑固定还很脆弱的嫩芽。

4.4月，接芽开始生长。在接下来的几周里，要不断地抹掉沿着支柱长出的萌芽。

5.把新梢用绳子绑在支柱上，注意不要伤到它，新梢生长得快，所以绳子不用勒得太紧。羊毛绳很合适，但芦苇草绳（灯芯草绳）会更好，因为在几个月后它们会自然而然地变松。不要用酒椰叶纤维绳，也不要用含有金属的绳子。定期检查绳子是否还有效力。

6.8月，当健壮的新梢已经长到几十厘米时，用剪刀除去支柱，因为这时支柱已经没有用处了。

胡　桃

拉丁学名：*Juglans regia*

胡桃是生长在温带地区的一种阔叶树木，此类树木周围忌栽其他树，所以在森林里很少能见到这种树。只要不是太湿、太干或不透水的土质，胡桃树都能无差别生长。胡桃的根系延伸很广，这种特性使它在很浅的土壤中也能生长。胡桃的品种很多，根据其果实品质和对不同地区的适应性而有所不同。

胡桃的劈接

春天，芽眼鼓，表明树液在上升，这时就可以进行木质顶劈了。

采集接穗

1. 要在1月提取接穗，那时树液不再流动。要在众多枝叶中找到上一年夏天萌发的嫩枝，要求枝条健康，既不过于孱弱，也不过于旺盛。将枝条剪成几段，捆扎在一起。

实生繁殖的胡桃幼苗通常要等15年之久才开始结果。为了弥补这一缺陷，可以借助嫁接的方法。嫁接后，只需三年，就可以收获胡桃果实了。

2. 嫁接之前，将接穗插入土豆里，包上食品保鲜膜，放到冰箱中。

准备砧木

用嫁接刀在砧木顶端的芽中间纵向开出一个劈口。

准备接穗

将嫁接刀插入第三个芽眼下面，芽眼两侧都要切。将接穗底端削切成两个斜面，成舌面形。第三个芽眼应该位于斜面最宽的一侧。

切面要干净、平直、完整。

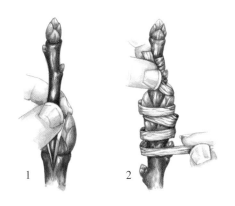

1

2

接合过程

1.将接穗放入砧木的劈口，嵌入时需要用力把口撑开。一定要使接穗与砧木的形成层完全对合好。

2.结束操作时，用酒椰叶纤维绳绑扎嫁接体。在嫁接部位上端，用拇指固定绳子的一端，然后围绕嫁接体缠几圈，缠时用力均匀，最后一圈要松一些，这样可以将绳子穿过去系上，绑住整体。

3.使用可以快速凝固且遮蔽性能好的嫁接胶，用刮刀或刷子涂抹。注意要将所有表面切割的部位都盖住。

3

嫁接后的管理

1.要定期检查嫁接苗的情况，一直到秋天。要第一时间确认嫁接胶将砧木和接穗接合的地方都覆盖好了，没有接触空气的情况发生。

不要完全保留沿着砧木躯干长出的新芽，起初时间，去掉下面的一半，以便让树液供养树木顶端，但也不能把树液全部吸引过来，那样会把嫁接苗"溺死"。

1

2.有些徒长枝很容易与接穗和距离地面50厘米的幼枝混淆，一旦发现这样的徒长枝就要立即剪掉。

3.留下来的徒长枝长到大约20厘米时，去掉一半。

4.当接穗的芽眼长出的嫩枝达到约15厘米时，逐渐把树干上的其他枝芽清理掉。

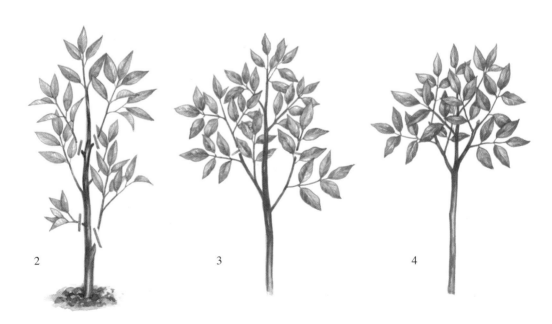

2　　　　3　　　　4

桃

拉丁学名：*Prunus persica*

之所以把桃树、油桃树和离核毛桃放到一起介绍，是因为这三种果树的嫁接操作方式完全相同。这些果树的果实除了表皮和果肉有所差别外，其他都很相似。

桃树是原产于中国北方的一种果树，喜欢晴朗的天气，开花期早，怕春寒。这种树木抵抗力较强，但是也有死敌——缩叶病，但此病是完全可以防治的。

桃树的芽接

嫁接要在夏季后半段进行，这时树液流动得不那么活跃了，但是也没有完全停止，方便

桃树完全可以通过种子繁殖，但种子繁殖并非持续繁殖、保持原品种遗传特性最可靠的方法，所以我们要借助芽接技术。

提取成熟度好的接穗，嫁接到还有树液的砧木上。一般在7月中旬，天气干燥的早上或下午4点后进行嫁接操作。如果气温非常高，树液非常活跃（表现为树芽大量萌发）时，就要再等几天，甚至再等1～2周也不算晚。

选择砧木

繁殖桃树可采用的砧木有以下几种：

—果核播种的纯桃树，用于培育大型行列树和露天小型果树

—纯李子树或樱桃李(Myrobolan)，用于培育半高树和高生树

—圣-朱利安李子树，适宜于新鲜土壤，培育灌木丛和行列树。

从7月初开始，及时修剪接穗顶端，因为要从接穗顶端提取芽眼进行芽接，这种修剪会促使接穗成熟。

无论是劈接还是镶接，不要在春季嫁接桃树。春季气温易骤变，不利于桃树接穗的愈合。

提取接穗

1. 从要繁育的树上剪下选好的枝条，必须是当年5月生出的枝条，长度可以是30～60厘米。

2. 立刻用剪刀除掉叶子，以避免接穗干枯，留下0.5厘米的叶柄。

3. 如果不是马上嫁接，把接穗贮存到阴凉的地方，底端插入5厘米深的水中。

2

3

准备砧木

1. 无论是在砧木上接近地面的部位操作还是在砧木上部操作，要剪掉操作部位约20厘米范围内的所有分枝。如果树干上还有妨碍的芽，就用干抹布完全擦掉。

2. 清除掉要操作区域上可能存在的泥土颗粒。在砧木上距地面5厘米处进行嫁接时尤其需要进行这项操作。

1

2

3.右手拿着嫁接刀，在一块光滑的树皮上切一个横切口，切的深度是切透树皮即可。然后在刚刚做的横切口下方3厘米处把刀尖插入，切一个纵切口，从而形成一个T形。

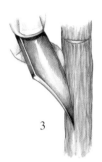

切这些切口时，一旦切开树皮层后感觉到一种抗力，表明不能再深入切了。

提取芽眼

1.握紧接穗，基部朝下，选择接穗中间的芽眼，因为那是最成熟的地方。

2.要取下包括芽眼的一薄片树皮，首先在芽眼下方2厘米处切一个侧切口，然后把嫁接刀刀片中间部位插入芽眼上方2厘米处，嫁接刀向刀尖方向拉削移动，当刀片达到之前的切口时，芽眼就被提取出来了。

3.去掉芽眼下的小木质，因为在大多数情况下，取下接芽时会带着一点木质部分，会阻碍愈合。检查芽眼是否被掏空：在光照下，如果芽眼透光，就是被掏空了。

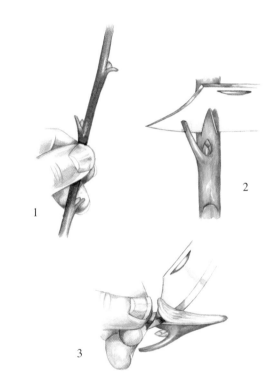

接合过程

1.用嫁接刀将T形上部的两侧树皮打开，把接穗插入，芽眼朝上，刮刀抵在芽眼结合处，借助刮刀将整个接穗插入。

接穗的理想位置是芽眼位于T形纵切口的中间。切除接穗超出T形横切口的部分。

2.树皮可以固定接穗，但这还不够，要完成操作，还须用酒椰叶纤维绳缠十几圈。注意不要束得太紧，缠的过程中将芽眼露出来。

用左手的拇指撑住约20厘米长的酒椰叶纤维绳的末端，然后从低向高缠绕束紧，最后一圈应该松些，以便做个结扣，绑紧整体。

嫁接后的管理

1.在嫁接后15天左右，接穗才会恢复生长。此时，干燥的叶柄容易脱落，如果没有脱落且芽眼呈黑色，那就是嫁接苗没有成活。一个月以后，就可以用嫁接刀切断接芽对面的绳结来给它松绑了。

2.来年春天，进行接芽的分株：将接穗上方10厘米以上的砧木切掉，抹除切面和接芽之间的芽眼。留下来的10厘米木头作为支柱，用来捆绑固定还很脆弱的嫩芽。

3.4月，嫩接芽开始生长。在接下来的几周里，要不断地抹掉沿着支柱长出的萌芽。

4.用绳子将新梢绑在支柱上，注意不要伤到它，新梢生长得快，所以绳子不用勒得太紧。羊毛绳就很合适，但芦苇草绳（灯芯草绳）会更好，因为在几个月后它们会自然而然地变松。不要用酒椰叶纤维绳，也不要用含金属的绳子。要定期检查绳子是否还有效力。

5.8月，当健壮的新梢长到几十厘米后，就可以用剪刀剪除支柱了，因为这时支柱已经没有用处了。

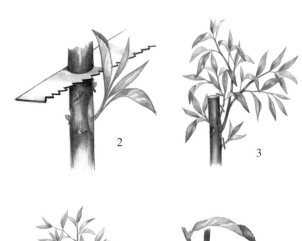

西洋梨

拉丁学名: *Pyrus communis*

西洋梨是一种大型果树，在欧洲自发生长。西洋梨怕空气和土壤干燥，可以在非石灰质的黏重土壤中良好生长，并且有很好的保水性能。

西洋梨不能自花授粉，需要交叉授粉才能产果。

何时及如何嫁接西洋梨？

可以在初春西洋梨长出芽眼的时候嫁接，那时树液开始上升，不用再怕强霜冻。也可以在7月中旬至8月中旬之间嫁接，那时树液已经完全离开枝端。

春季，嫁接西洋梨可采用不同的方式：劈接，舌接，镶接，冠接。每种技术都应对不同的具体情况和限制条件。这几种嫁接方式只适用于纯梨树砧木。

夏季，在纯梨树和榅桲树上进行芽接。

如果我们已经注意到一种梨树的果实品质卓越并希望获得该种果实，那么就嫁接这个品种。通过高接方式，也可以改良不满意的品种。

选择砧木

- 昂热的榅桲树，用于嫁接培育小型树木品种：行列树，纺锤树，灌木丛及其他沿墙树。注意，榅桲树不喜石灰质土地。

- 普罗旺斯的榅桲树，对土壤中存在的石灰质有抵抗力。与昂热的榅桲树一样，普罗旺斯的榅桲树嫁接也用于培育限制生长型的树木。

- 实生梨树用于培育露天树木，也称为"高生树"和"半高树"。

为春季嫁接提取接穗

只选健康的枝条，没有伤口，没有明显病害。

1.提取用于嫁接的枝条至少要等到1月中旬，那时，经过若干天的霜冻后，树木完全休眠，树液也已经完全离开树木顶端了。

1

2.如果一棵树的树头上有健壮程度不同的枝条可选，不要选那些最健壮的徒长枝，也不要选那些孱弱的枝条，要选健壮、顶端结实的枝条来嫁接。

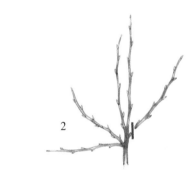
2

3.如果准备嫁接多棵树、多个品种，那么将接穗按品种扎成捆，仔细给每一捆贴上结实耐用的品种标签。

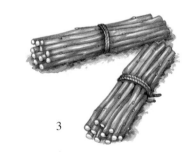
3

4.成功嫁接的重要条件之一就是接穗的保存。接穗不能干枯，也不能发芽，最保险的方法就是包上食品保鲜膜，放在冰箱里面。

也可以按照古老的方式保存。在太阳绝不会照到的地方，例如建筑物的北面，将接穗埋入十几厘米深的土或沙子里。当心那些啮齿动物，它们会在冬季缺少食物的时候咬噬枝条。

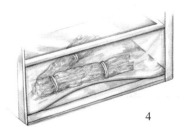
4

何时嫁接最佳？

若决定在初春嫁接，接穗与砧木的生长状态要有明显差异：接穗的芽眼不能鼓起来，而树液已大量存在于砧木中。

春季进行各种嫁接的理想时间是果园中梨树开花的时期。

> 手脏、下雨或霜冻时，不要进行嫁接。嫁接就像是外科手术，需要非常细心。

在多高的位置进行嫁接？

如果采用传统嫁接技术培育半高树，要在离地面1.3～1.5米的高度操作；若要培育高生树，要在1.8～2米的高度操作。

西洋梨的劈接

劈接适用于直径2～5厘米的树干。

准备砧木

在确定好的高度，用剪刀给准备嫁接的砧木去掉顶梢，用嫁接刀仔细整修切面，使其保持清洁干净。

1

准备接穗

1.应该使用的是枝条的中间部分，而不是芽眼不够饱满的底部，也不是木质化程度不够的顶端。

任何健康、生长状况良好的梨树都适合嫁接。

2.当把不用的这两部分去掉之后，在最下面芽眼的底部旁削出两个斜面。芽眼要在斜面的最宽一侧旁。

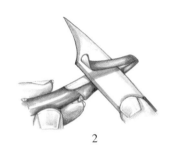

2

接合过程

1.用嫁接刀在砧木上三分之一厚度的地方劈切，用木槌轻敲刀刃，刀可以容易地进入几厘米深（6～8厘米）。

1

2.摁住刀，把接穗放入刀尖撑开的口中。

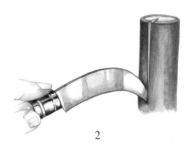

2

3.将接穗插入劈口，一直插到斜面顶端，使接穗的树皮与砧木的树皮对齐，确保两者的形成层接触。

然后抽出嫁接刀，不要用力。现在，接穗将劈口两侧撑开，接穗也被紧紧夹住了。

4.尽管木质部分可以自然束紧，但是要确保结实，用酒椰叶纤维绳绑扎显得很必要。用拇指系紧酒椰叶纤维绳一头，从上向下缠绕几圈，然后打个结扣，扎紧。

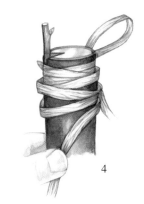

5.将嫁接木的各个面涂上胶，尤其是砧木平面和劈口，劈口必须封填好，特别是不要忘了接穗上部。针尖大小的地方缺胶都可能会影响嫁接苗的成活。

西洋梨的镶接

镶接比劈接更难实现，但这种方法对砧木的创伤小，只需几年时间，"手术"的影响就会完全消失。

使用锋利的工具以免切割不畅或留下木屑，木屑不利于愈合。工具必须干净，上面没有泥土、没有锈。用酒精消毒，确保不存在病原真菌和病毒。

准备接穗

1. 从长度中等的枝条上采取接穗，上面要保留3个饱满的芽眼。

2. 用拇指和食指紧紧捏住接穗，在其基部切出两个尖锐的斜面。斜面顶部就始于芽眼的底部。

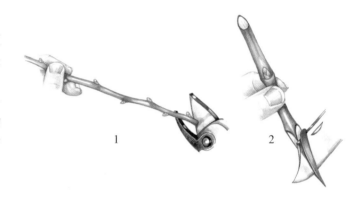

准备砧木

1. 用锯或剪刀在想要的高度截断砧木，用嫁接刀将切面修整干净。

2. 在砧木顶端，用嫁接刀的刀尖去掉一块木质，留出一个与接穗上的斜面形状吻合的槽口。

这个操作不好处理，需要准确而快速。可以将事先准备好的枝条拿出来，按照所要实现的切口角度模仿着做。

接合过程

1.将接穗用力插入砧木上的槽口中，直到接穗基部的芽眼与砧木横切口对齐，也就是直至接穗的斜切面顶端。要好好调整接穗，使接穗与砧木的形成层接触。

2.为确保嫁接苗安全挺立，用酒椰叶纤维绳将其绑扎结实。从上向下在嫁接苗上缠绕几圈，最后用活扣系住。

3.用抹刀或刷子涂上嫁接胶，这是必不可少的，注意要覆盖住所有有明显伤口的区域。

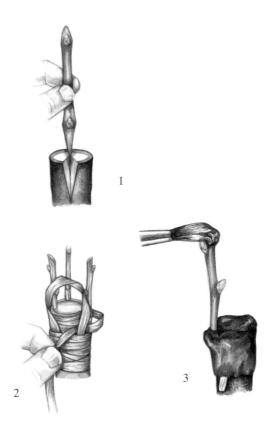

西洋梨的舌接

当砧木直径与接穗直径差不多时，可以使用舌接法。这种技术尤其适用于直径都很小的砧木和接穗（等于或小于一个小指头那么粗）。

这是分享一个操作中的小妙招：削一个小槽口，使接穗与砧木完美接合。

准备砧木

将砧木切出一个长度约为5厘米的规则斜面。

准备接穗

1. 接穗上应该有3个芽眼。用力拿住，在要保留的芽眼的另一侧切出一个5厘米的规则斜面，斜面的方向向着枝条基部。

2. 在砧木和接穗上的斜面中间各做一个槽口，这样可以将两部分紧密地接合。

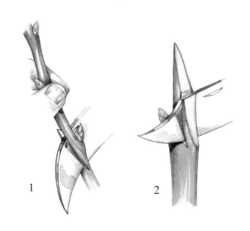

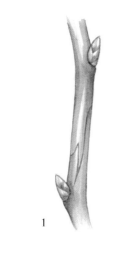

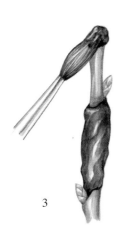

接合过程

1. 因为角度和斜面是互补的，所以可以非常轻松地将砧木和接穗这两部分接合。之前的槽口可以将整体紧密地固定住，确保稳定。

2. 在嫁接操作的整个部位，从上向下紧紧缠几圈酒椰叶纤维绳，使形成层接触良好。

3. 用抹刀或刷子将嫁接胶涂抹在操作中暴露在外的部分，不要忘记涂抹接穗的顶端。

西洋梨的冠接

在4—5月进行冠接，这时砧木皮层下已经有树液存在，砧木的直径可以超过10厘米。这种嫁接方式也适用于品种不是太好或树木没有生殖力的情况。可以在很晚的时候进行冠接，也就是砧木已经长出叶子的时候。如果砧木直径很大，就要植入至少三个接穗，接穗之间距离要相等。

准备砧木

1.用锯锯出一个剖面，用嫁接刀修整切面四周区域。用锯子锯会导致木头呈锯齿形，修整切面是预防形成瘢痕圈所不可缺少的操作。

2.用嫁接刀切一个8～10厘米的纵向切口，切的深度是切透树皮即可。

3.用刀尖将树皮撬起。

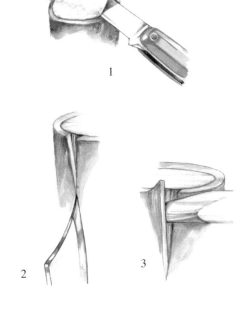

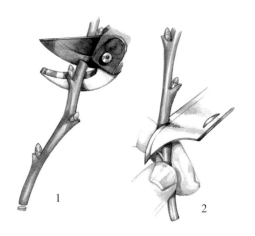

准备接穗

1.从枝条的中央部位截取3根接穗，以便利用上面饱满的芽眼。

2.一只手拿着接穗，粗的部分向前，以食指作为支撑，用嫁接刀在芽眼基部对面轻轻切一个横切口，然后，将刀片放低一点，稍稍去掉一些树皮屑。

3. 把接穗转过来，嫁接刀放到刚刚切好的切口处，用拇指撑住树皮，用刀直接用力拉削。

4. 将接穗背面顶端削切成斜面，以防止插入时树皮卷起。

5. 由于接穗有一侧要贴合在砧木未掀起的树皮部分，所以在这一侧去掉一小条树皮。

6. 剪掉第三个芽眼上面的部分。

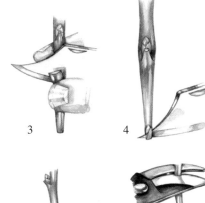

3   4

5   6

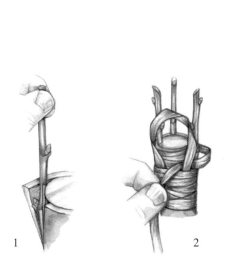

1   2

接合过程

1. 插入接穗，将其滑进撬起的树皮下，一直到接穗切口顶部抵在砧木的木质上。重复此操作两次，把3个接穗等距离安插成三角形。

2. 用结实的酒椰叶纤维或由天然纤维制成的细绳子绑扎嫁接木，使得砧木树皮紧贴接穗。

3. 在操作结束时，用嫁接胶充分涂抹所有明显裸露的伤口，不要忘记涂抹接穗的顶端。

4. 这种嫁接木很吸引鸟类，鸟栖息在上面可能会造成接穗折断，所以要在树干上固定结实的枝条来保护接穗。

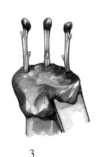

3   4

春季嫁接后的管理

1.在嫁接后的几天里，一定要检查砧木或接穗是否有哪个地方缺胶，因为有可能流胶或涂抹时遗漏了。如果有必要，应该补胶。

2.在嫁接后的几周，一直到8月，沿着树干会长出很多嫩芽。

3.起初，抹掉从树干底部到1米高范围内生出的所有嫩芽，紧挨接芽周围长出的芽也要去掉。

留下一半1米高到接芽之间的出芽，以便引来树液供养接穗。当这些芽长到20厘米长时，再去掉一半。

4.当接穗芽眼生出的嫩枝超过20厘米时，完全清理掉树干上的其他枝芽。

西洋梨的芽接

从7月中旬开始，就可以用芽接法嫁接西洋梨了，正常情况下，这个时候树液就开始降低其活跃度了。

如果天气炎热、湿润，植物生长旺盛，可以一直等到8月20日，甚至更晚再嫁接。

嫁接的高度

1. 如果要培育小型果树，那么就在夏季嫁接，操作要贴近地面，距离地面约5厘米。

如果要在树干上形成一个高高的树冠，就要在离地面1～2米的高度进行。这种嫁接专门用于剖面接近一根手指粗度的砧木。

2. 对于在基部进行嫁接的苗木，要在苗木根基部留出位置，用来放置接穗。去掉根基部离地面至少10厘米高度的所有嫩芽。然后用干抹布仔细擦掉可能存在的泥土颗粒。

3. 对于在一定高度进行嫁接的苗木，在要进行芽接的区域内，仔细清理掉树干上20厘米高度范围内的所有芽和枝叶。

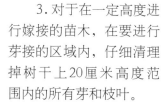

采集接穗

1

1. 进行这项操作时需要特别注意，因为要采集的枝条上都有饱满、成熟的芽眼。如果可能，应该选择母株上中等健壮、侧生的枝条。

2

2. 即使不是立刻嫁接，也最好在早晨提取接穗。用剪刀将叶子剪掉，不要直接用手拔，叶柄必须保留大约半厘米的长度。

接穗应是从要嫁接品种的树木上提取下来的当年嫩枝，也就是长度为60厘米的健壮嫩枝条。

在生长旺盛的年份

为了有助于选定的接穗成熟，在提取接穗嫁接前15天，对其进行修剪。这种修剪的目的是将接穗顶端几厘米范围内正在长出的嫩芽剪掉。

3

3. 在等待操作期间，将刚刚采集的接穗保存在一个桶里，放到阴凉的房间，接穗基部插入5厘米深的水中。条件良好的话，这样可以保存至少3天。

底部和顶端的芽眼没有用处，它们也没有机会繁殖生长，尤其是顶端芽眼，它们不够饱满或木质化程度不够。

在苗木基部进行嫁接

切割砧木

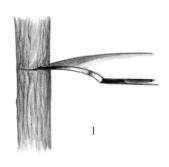

1

1. 接芽应该放置于距离地面4～5厘米、树皮最为光滑的部分。手握嫁接刀，在这个高度横切一个切口，切的深度是切透树皮即可。

2.垂直拿着嫁接刀，刀尖朝下，在距离地面2厘米的地方，把刀尖插入，切透树皮层，从下向上做一个垂直开口，一直到与横向切口相接。

3.保持嫁接刀的位置不变，向侧面轻轻撬起树皮。

4.在树液丰富的砧木上撬起树皮应该是很容易的。将刀尖插入"T"字形顶端的树皮下，一侧从上到下，另一侧从下到上，轻轻掀起树皮。

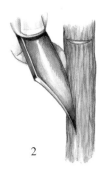

2

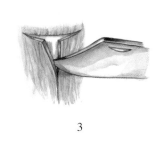

3

4

提取芽眼或接芽

1.一手拿着接穗，另一只手拿着嫁接刀。选好芽眼后，在芽眼下方约2厘米处割一个侧切口。

2.在芽眼上方2厘米处，把刀片中间部位插入、以切取包括芽眼的一薄片树皮，刀片向刀尖方向拉削移动。

3.取下接芽时，带着一点木质是正常的。由于木质存在可能影响接芽的成活，所以必须去掉。

4.注意，如果芽眼被掏空，接芽可能会成活，却不会有芽生出。若出现这种情况，一定要提取另一个芽眼。

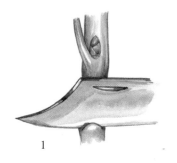

1

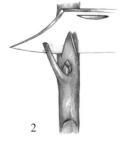

2

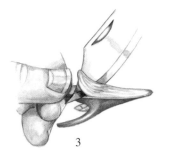

3

4

接合过程

1.用刀尖将砧木的树皮撑开，将接芽放入，芽眼朝上。用刀尖抵在芽眼接合处，将接芽插入。

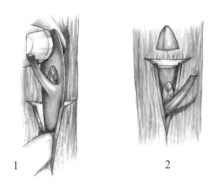

2.用嫁接刀切掉接芽超出砧木上横切口的部分。如果有必要，用拇指和食指捏住开口的两侧树皮，调整芽眼。

3.用酒椰叶纤维绳绑扎嫁接整体，从T形的下部开始，绳子交叉系紧，然后向上缠绕，缠十几圈，勒紧，但不要过度，缠的过程中将芽眼露出来。

在树干高处进行嫁接

按照与在苗木基部嫁接操作同样的要求和顺序进行即可。

嫁接后的管理

1. 在嫁接后15天左右、嫁接苗才会恢复生长。此时，叶柄变干，容易脱落。如果叶柄没有脱落，并且芽眼呈黑色，表明嫁接苗没有成活。

2. 一个月以后，用嫁接刀切断接芽对面的绳结，为它松绑。

3. 来年春天，进行接芽的分株：将接穗上方10厘米以上的部分去掉，抹除切面和接芽之间的芽眼。

4. 留下来的10厘米木头作为支柱，用来捆绑固定还很脆弱的嫩芽。4月期间，嫩接芽开始生长。

5. 接下来的几个星期，要不断地把支柱上长出的嫩芽都去掉。

6. 用绳子将新梢绑在支柱上，注意不要伤到它，新梢生长得快，所以绳子不用勒得太紧。羊毛绳就合适，但芦苇草绳（灯芯草绳）会更好，因为在几个月后它们会自然而然地变松。不要用酒椰叶纤维，也不要用含金属的绳子。要定期检查绳子是否还有效力。

8月，当健壮的新梢长到几十厘米高时，用剪刀除去支柱，因为这时支柱已经没有用处了。

苹 果

拉丁学名：*Malus pumila*

苹果是欧洲栽种最多的果树品种之一，也是繁殖最快的果树。苹果的嫁接比较容易，成活率也很有保证。苹果的分布很广，在很大程度上是因为它能够适应各种环境、抗性强以及果实多种多样。除了容易保存外，苹果还能制作成饮料、果酱等。

> 初学者要从嫁接苹果开始，因为嫁接苹果比较容易。

何时、如何嫁接苹果？

初春，就可以嫁接长出芽眼的苹果了。此时树液开始上升，不用再怕强霜冻。也可在7月中旬至8月中旬之间进行嫁接。

春季，苹果的嫁接可采用不同的方式：劈接，舌接，镶接，冠接。每种技术都应对不同的具体情况和限制条件。

夏季，苹果的嫁接应采用芽接方式。

为春季嫁接提取接穗

1.提取用于嫁接的枝条至少要等到1月中旬，那时，经过若干天的霜冻后，树木完全休眠，树液也已经完全离开树木顶端。

1

> 如果我们已经注意到一种苹果的果实品质卓越并希望获得该品种的果实，就可以嫁接这个品种。通过高接方式，也可以改良不满意的品种。

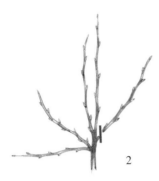

2

2.如果一棵树的树头上有健壮程度不同的枝条，不要选那些最健壮的徒长枝，也不要选那些最孱弱的枝条，要选健壮、顶端结实的枝条来嫁接。

> 只选健康的枝条，没有伤口，没有明显病害。

3

3.如果准备嫁接多棵树、多个品种，应将接穗按品种扎成捆，仔细给每一捆贴上结实耐用的品种标签。

4.成功嫁接的重要条件之一就是接穗的保存。接穗不能干枯，也不能发芽。最保险的方法就是包上可拉伸透明薄膜，放在冰箱里。

也可以按照古老的方式保存。在太阳绝不会照到的地方，例如建筑物的北面，将其埋入十几厘米深的土或沙子里。当心那些啮齿动物，它们在冬季缺少食物的时候会去咬噬枝条。

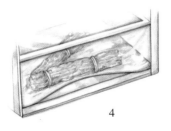

4

何时嫁接最佳？

若决定在初春嫁接，接穗与砧木的生长状态要有差异：接穗的芽眼不能鼓起来，而树液已存在于砧木中。

在初春进行各种嫁接的理想时间是果园中苹果树的开花时期。

在多高的位置进行嫁接？

如果采用传统嫁接技术来培育半高树，要在离地面1.3～1.5米的高度操作。培育高生树，嫁接高度要达到1.8～2米。

苹果的劈接

劈接法适用于直径2～5厘米的树干。

准备砧木

在确定好的高度，用剪刀或锯给准备嫁接的砧木去掉顶梢，用嫁接刀仔细整修切面，使其清洁干净。

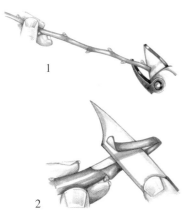

1

2

准备接穗

1.使用接穗的中间部分，而不是芽眼常常不够饱满的底部，也不是木质化程度不够的顶端。

2.当把不用的这两部分去掉之后，在最下面芽眼的底部旁削出两个斜面，芽眼要在斜面的最宽一侧旁。

> 手脏、下雨或霜冻时，不要进行嫁接。嫁接就像外科手术，需要非常细心。

接合过程

1.用嫁接刀在砧木上三分之一厚度的地方劈切，用木槌轻敲刀刃，刀可以容易地进入几厘米深（6～8厘米）。

2.不要抽出嫁接刀，摁住刀，把接穗放入刀尖撑开的口中。

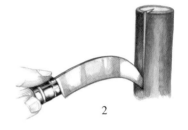

任何健康、生长状况良好的苹果都适合嫁接。

3.将接穗插入劈口，一直插到斜面顶端，使接穗的树皮与砧木的树皮对齐，确保两者的形成层接触。然后抽出嫁接刀，不要用力。现在，接穗将劈口两侧树皮撑开，接穗也被紧紧夹住了。

4.尽管木质部分可以自然束紧，但是要确保结实，用酒椰叶纤维绳绑扎显得很必要。用拇指系紧酒椰叶纤维绳的一头，从上向下缠绕几圈，然后打个结扣，扎紧。

5

5. 将嫁接木的各个面涂上胶，尤其是砧木平面和劈口，都必须封填好，特别是不要忘了接穗上部。针尖大小的地方缺胶都可能会影响嫁接苗的成活。

工具必须干净，上面没有泥土，没有锈。用酒精消毒，确保上面没有病原真菌和病毒。这些预防措施可以使接穗快速愈合，确保果树寿命长久。

苹果的镶接

镶接比劈接更难实现，但这种方法对砧木的创伤小，几年时间，"手术"的影响就会完全消失。

1

准备接穗

1. 从长度中等的枝条上采取接穗，上面要保留3个饱满的芽眼。

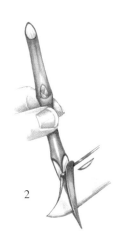

2

2. 用拇指和食指紧紧捏住接穗，在其基部切出两个尖锐的斜面。斜面顶部始于芽眼的底部。

准备砧木

1. 用锯或剪刀在想要的高度截断砧木，用嫁接刀将切面修整干净。

1

2.在砧木顶端，用嫁接刀的刀尖，去掉一块木质，留出一个与接穗上形状吻合的槽口。

这个操作难度较大，需要准确而快速。可以将事先准备好的枝条拿出来，按照要实现的切口角度模仿着做。

接合过程

1.将接穗用力插入砧木上的槽口中，直到接穗基部的芽眼与砧木横切口对齐，也就是直至接穗的斜切面顶端。要好好调整接穗，使接穗与砧木的形成层接触。

2.为确保嫁接苗安全挺立，用酒椰叶纤维绳将其绑扎结实。从上向下在嫁接苗上缠绕几圈，最后用活扣系住。

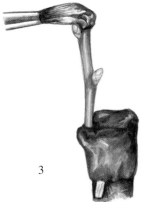

3.用抹刀或刷子涂上嫁接胶，这是必不可少的。要注意覆盖住所有有明显伤口的区域。

苹果的舌接

当砧木直径与接穗直径差不多时，可以使用舌接法。这种技术尤其适用于直径都很小的砧木和接穗（等于或小于一个小指头的粗度）。

这里分享一个操作中的小妙招：削一个小槽口，使接穗与砧木完美接合。

> 要定期检查嫁接用的嫁接刀的切割状况是否良好

准备砧木

将砧木切出一个长度约为5厘米的规则斜面。

准备接穗

1.接穗上应该有3个芽眼。在要保留的芽眼的另一侧切出一个5厘米的规则斜面，斜面的方向向着枝条基部。

2.在砧木和接穗上的斜面中间各做一个槽口，这样可以将两部分紧密地接合。

1

2

1

接合过程

1.可以非常轻松地将砧木和接穗这两部分接合，因为其角度和斜面是互补的，之前的槽口可以将整体紧密地固定住，确保稳定。

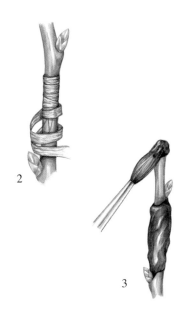

2

3

2.酒椰叶纤维绳是必不可少的。在嫁接操作的整个部位，从上向下紧紧缠几圈，使形成层接触好。

3.用抹刀或刷子将嫁接胶涂抹在操作中暴露在外的部分，不要忘记涂抹接穗的顶端。

苹果的冠接

应在4—5月进行冠接，这时砧木皮层下已经有树液存在。冠接的砧木直径可以超过10厘米，这种嫁接方式也适用于品种不太好或树木没有生殖力的情况。冠接可以在很晚的时候操作，甚至可以等到砧木已经长出叶子的时候。如果砧木直径很大，应该植入至少3个接穗，接穗之间的距离要相等。

准备砧木

1.用锯锯出一个剖面，用嫁接刀修整切面四周区域。用锯子锯会导致木头呈锯齿状，休整切面是预防形成瘢痕圈所不可缺少的条件。

1

2.用嫁接刀切一个8 ～ 10厘米的纵向切口，切的深度是切透树皮即可。

3.用刀尖将树皮撬起。

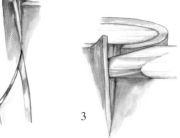

2

3

准备接穗

1.从枝条的中央部位截取3根接穗，以便利用上面饱满的芽眼。

2.一只手拿着接穗，粗的部分向前，以食指作为支撑，用嫁接刀在芽眼基部对侧面轻轻切一个横切口，然后，将刀片放低一点，稍稍去掉一些树皮屑。

3.把接穗转过来，嫁接刀放到刚刚做的切口处，用拇指撑住树皮，用刀用力直接拉削。

4.将接穗背面顶端削切成斜面，以防止在插入时树皮卷起。

5.由于接穗有一侧要贴合在砧木未掀起的树皮部分，所以在这一侧去掉一小条树皮。

6.剪掉第三个芽眼上面的部分。

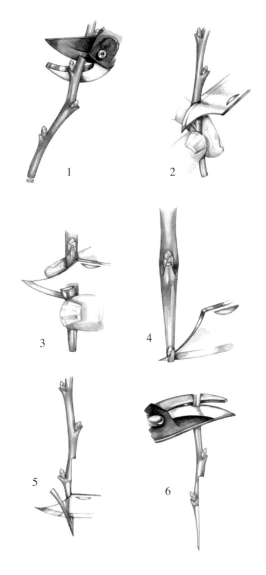

接合过程

1.插入接穗，将其滑进撬起的树皮下，一直到接穗切口顶部抵在砧木的木质上。重复此操作两次，把3个接穗等距离安插成三角形。

2. 用结实的酒椰叶纤维或由天然纤维制成的细绳子绑扎嫁接木，使砧木树皮紧贴接穗。

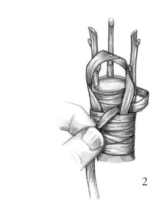

2

3. 操作结束后，用嫁接胶充分涂抹所有明显裸露的伤口，不要忘记涂抹接穗的顶端。

4. 这种嫁接木很吸引鸟类，鸟栖息在上面可能会造成接穗折断，所以要在树干上固定结实的枝条来保护接穗。

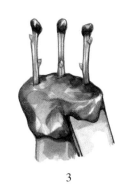

3

4

春季嫁接后的管理

1. 在嫁接后的几天里，一定要检查砧木或接穗的地方是否缺胶，因为有可能流胶或涂抹时遗漏了。如果有，应及时补胶。

2. 在嫁接后的几周，一直到8月，沿着树干会长出很多嫩芽。

1

2

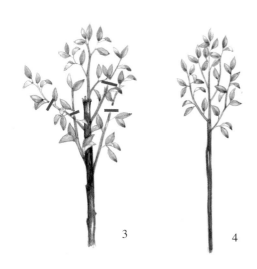

3

4

3. 起初，去掉从树干底部到1米高范围内生出的所有嫩芽，紧挨接芽周围长出的芽也要去掉。留下一半1米高到接芽之间的出芽，以便引来树液供养接穗。当这些芽长到20厘米长时，再去掉一半。

4. 当接穗芽眼生出的嫩枝超过20厘米时，完全清理掉树干上的其他枝芽。

苹果的芽接

从7月中旬开始就可以用芽接技术进行嫁接了，正常情况下，这时树液开始枯竭。但是如果天气炎热、湿润，植物生长旺盛，那么可以一直等到8月20日，甚至更晚一些再嫁接也没有问题。

嫁接的高度

1. 如果要培育生长缓慢的低矮果树，那么就应该在夏季嫁接，操作要贴近地面进行，距离地面约5厘米。

如果要在树干上形成一个高高的树冠，要在离地面1～2米的高度进行。这种嫁接专门用于剖面接近一根手指粗度的砧木。

2. 对于在基部进行嫁接的苗木，要在苗木根基部留出位置，用来放置接穗。去掉根基部离地面至少10厘米高度的所有嫩芽。然后用干抹布擦掉可能存在的泥土颗粒。

3. 对于在一定高度进行嫁接的苗木，在要进行芽接的区域内，仔细清理掉树干上20厘米高度范围内的所有芽和枝叶。

1

2

3

1

采集接穗

1.进行这项操作时需要特别注意，因为要采集的枝条上都有饱满、成熟的芽眼。如果可能，应该选择母株上中等健壮、侧生的枝条。

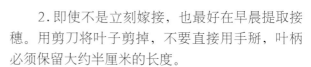

接穗应为从要嫁接品种树木上提取下来的当年嫩枝，也就是长度为60厘米的十分健壮的嫩枝条。

在生长旺盛的年份

为了有助于选定的接穗成熟，在提取接穗嫁接前15天，对其进行修剪。这种修剪的目的是将接穗顶端几厘米范围内正在长出的嫩芽剪掉。

2.即使不是立刻嫁接，也最好在早晨提取接穗。用剪刀将叶子剪掉，不要直接用手掰，叶柄必须保留大约半厘米的长度。

底部和顶端的芽眼没有用处，它们也没有机会繁殖生长，尤其是顶端芽眼，它们不够饱满或木质化程度不够。

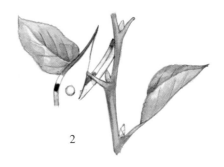

2

3.在等待操作期间，将刚刚采集的接穗保存在一个桶里，放到阴凉的房间，接穗基部插入5厘米深的水中。条件良好的话，这样可以保存至少3天。

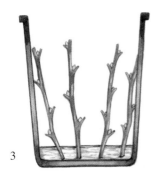

3

在苗木基部进行嫁接

切割砧木

1.把接芽放置于离地面4～5厘米、树皮最为光滑的部分。手握嫁接刀，在这个高度横切一个切口，切的深度是切透树皮即可。

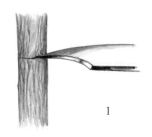

1

2.垂直拿着嫁接刀，刀尖朝下，在距离切口1厘米的地方，把刀尖插入，切透树皮层，从下向上做一个垂直开口，一直到与横向切口相接。

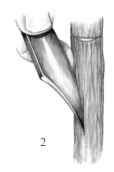

2

3.保持嫁接刀的位置不变，向侧面轻轻撬起树皮。

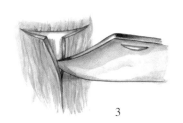

3

4.在树液丰富的砧木上撬起树皮应该是很容易的。将刀插入"T"字形顶端的树皮下，一侧从上到下，另一侧从下到上，往复运动掀起树皮。

4

提取芽眼或接芽

1．一只手拿着枝条，另一只手拿着嫁接刀。选好芽眼后，在芽眼下方约2厘米处割一个侧切口。

2．在芽眼上方2厘米处，把刀片中间部位插入，以切取包括芽眼的一薄片树皮，刀片向刀尖方向拉削移动。

3．取下接芽时，带着一点木质是很正常的。但由于木质的存在可能影响接芽的成活，所以必须去掉。

4．注意，如果芽眼被掏空，接芽可能会成活，却不会有芽生出。若出现这种情况，一定要提取另一个芽眼。

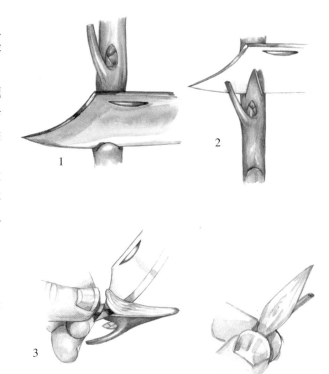

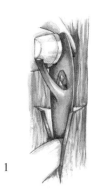

接合过程

1．用刮刀将砧木的树皮撑开，将接芽放入，芽眼朝上。将刮刀抵在芽眼接合处，接芽会自己滑入。

2．用嫁接刀切掉接芽超出砧木上横切口的部分。如果有必要，用拇指和食指捏住开口的两侧树皮，调整芽眼。

3. 用酒椰叶纤维绳绑扎嫁接整体，从T形的下部开始，绳子交叉系紧，然后向上缠绕，缠十几圈，勒紧，但不要过度，缠的过程中将芽眼露出来。

在树干高处进行嫁接

按照与在苗木基部嫁接操作同样的要求和顺序进行即可。

嫁接后的管理

1. 在嫁接后15天左右，嫁接苗才会恢复生长。此时，叶柄变干，容易脱落。如果叶柄没有脱落，并且芽眼呈黑色，表明嫁接苗没有成活。

2. 一个月以后，用嫁接刀切断接芽对面的绳结，为它松绑。

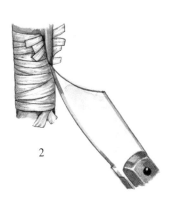

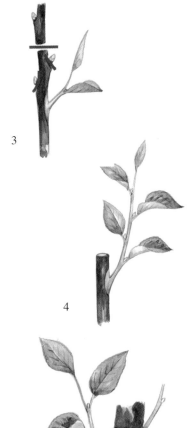

3

3. 来年春天，进行接芽的分株：将接穗上方10厘米以上的部分去掉，去除切面和接芽之间的芽眼。

4. 留下来的10厘米木头作为支柱，用来捆绑固定还很脆弱的嫩芽。4月期间，嫩接芽开始生长。

4

5. 接下来的几个星期，要不断地把支柱上长出的嫩芽都去掉。

5

6. 用绳子将新梢绑在支柱上，注意不要伤到它，新梢生长得快，所以绳子不用勒得太紧。羊毛绳就合适，但芦苇草绳（灯芯草绳）会更好，因为在几个月后它们会自然而然地变松。不要用酒椰叶纤维绳，也不要用含金属的绳子。要定期检查绳子是否还有效力。

6

7

7. 来年8月，当健壮的新梢长到几十厘米高时，用剪刀除去支柱，因为这时支柱已经没有用处了。

欧洲李

拉丁学名：*Prunus domestica*

    欧洲李抗性强，能适应多种气候，喜欢土层深厚、排水性好、黏土硅质的土壤，果实成熟时怕风、怕干旱。

如何嫁接欧洲李？

    欧洲李的嫁接可以在初春进行，此时芽眼开始萌发，树液开始上升，而且不用再怕强霜冻。也可以在7月中旬至8月中旬之间进行芽接，那时树液正在慢慢地离开树木。

    在春天嫁接欧洲李可采用多种方式：劈接，舌接，镶接。要针对具体情况和条件采取不同的嫁接方式。

为春季嫁接提取接穗

    1.提取用于嫁接的枝条至少要等到1月中旬，那时，经过若干天的霜冻后，树木完全休眠，树液也已经完全离开树木枝端。

    2.如果树头上有健壮程度不同的枝条，不要选择那些徒长枝和孱弱的嫩枝，要选芽眼饱满、顶端结实的枝条。

    通过播种自然长成的李子树不一定能长出想要的李子。在嫁接时，可以选择的品种有很多，比如多汁的莱茵−克洛德李，小巧的黄香李，大紫李，大马士革李，昂特李，圣·凯瑟琳李等。

    要选健康的枝条，没有伤口，没有明显病害。

3. 如果准备嫁接多棵树、多个品种，可将接穗按品种扎成捆，仔细给每一捆贴上结实耐用、醒目的标签。

3

4. 嫁接成功的重要条件之一就是接穗的保存。在嫁接之前，接穗不能干枯，也不能发芽。

可以用食品保鲜膜将接穗包起来，放在冰箱里。也可以按照古老的方式保存。在阳光照不到的地方，例如在建筑物的北面，将其埋入十几厘米深的土或沙子里。

小心那些啮齿动物，它们在冬天食物缺少的时候会去咬噬枝条。

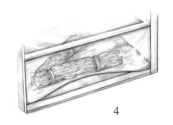

4

选择砧木

无论土壤质量如何，也无论希望培育什么形状的果树，在多种备选的品种之中，主要使用以下几种：

1. 实生的樱桃李或纯李树。适宜干燥和多石的土地，可以用于培育露天树、半高或高生树。

2. 圣－朱利安李树。喜欢新鲜、非洪泛的土壤。这种砧木专门用于培育体形小的树木，比如贴墙种植的果树、灌木和矮生树。

3. 玛利亚娜李树。这种砧木健壮，适合多石、石灰质和黏重的土质，可用于培育露天树木。

何时嫁接最佳？

如果决定在初春嫁接，那么接穗和砧木的生长状态要处于不同阶段：接穗的芽眼还没有鼓起，而树液已经大量存在于砧木中了。

理想的嫁接时间是欧洲李花盛开的时候。

在多高的位置嫁接?

如果采用传统嫁接技术培育半高树,要在距离地面1.3 ~ 1.5米的高度操作;培育高生树,要在1.8 ~ 2米的位置操作。

欧洲李的劈接

劈接法适用于直径2 ~ 5厘米的树干。

春季嫁接时,最好使用纯李树或樱桃李,不要用圣-朱利安李树。

准备砧木

在确定好的高度,用剪刀或锯给砧木去掉顶梢,用嫁接刀仔细整修切面,使其保持清洁。

准备接穗

1.通常使用的是枝条的中间部分,不是芽眼常常不够饱满的基部,也不是木质化程度不够的顶端。

2.当把不用的这两部分去掉之后,从接穗最下面的芽眼底部开始,向下削出两个斜面。芽眼要在斜面的最宽一侧旁。

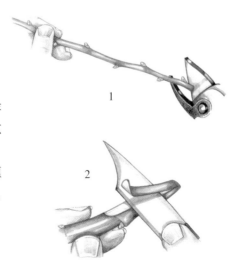

接合过程

　　1.用嫁接刀在砧木上三分之一厚度的地方劈切，用木槌轻敲刀刃，刀可以很容易进入几厘米深（6~8厘米）。

　　2.不要抽出刀，摁住刀，把接穗放入刀尖撑开的口。

　　3.将接穗插入劈口，一直插到的斜面顶端，使接穗的树皮与砧木的树皮对齐，确保两者的形成层接触。

　　抽出嫁接刀，不要用力。现在接穗将劈口两侧树皮撑开，接穗也被紧紧夹住了。

> 　　幼年的李树，只要健康、生长状况良好，就适合嫁接。

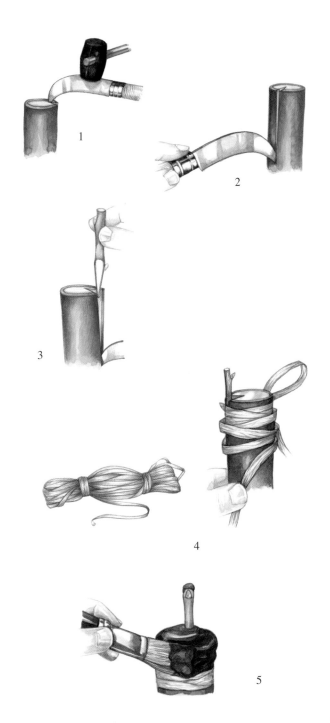

　　4.尽管木质压力可以自然束紧，但是要确保结实，用酒椰叶纤维绳捆绑显得很必要。用拇指系紧酒椰纤维绳的一头，从上向下缠绕几圈，然后打个结扣，扎紧。

　　5.将嫁接苗的各个面，也就是砧木表面和劈口，都涂上胶，劈口必须封填好，尤其不要忘记接穗上部。即使是针尖大的地方没有涂胶，也可能会影响嫁接苗的成活。

欧洲李的镶接

镶接比劈接更难实现，但这种方法对砧木的创伤小，只要几年时间，"手术"的影响就会完全消失。

嫁接就像是外科手术，需要非常小心。请使用锋利的工具以避免切割不畅或留下木屑，木屑会有害愈合。

准备接穗

1.从长度中等的枝条上提取接穗，上面要保留三个饱满的芽眼。

2.用拇指和食指紧紧捏住接穗，在其基部切出两个尖锐的斜面。斜面顶部就始于芽眼的底部。

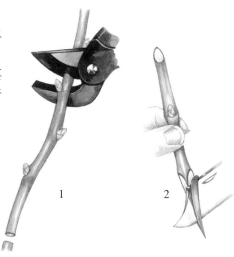

1   2

1

准备砧木

1.用锯或剪刀在确定好的高度截断砧木，用嫁接刀将切面整理干净。

2.在砧木顶端，用嫁接刀的尖头，去掉一块木质，留出一个与接穗上形状吻合的槽口。

这个操作不好处理，需要准确而快速。可以将事先准备好的枝条拿出来，按照想要实现的切面角度模仿着做。

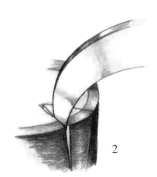

2

接合过程

1.将接穗用力插入砧木上的槽口，直到接穗基部的芽眼与砧木横切口对齐，也就是直至接穗的斜切面顶端。要好好调整接穗，使接穗与砧木的形成层接触。

2.为确保嫁接苗安全挺立，可用酒椰叶纤维绳将其绑扎结实。从上往下在嫁接苗上缠绕几圈，最后用活扣系住。

3.涂上嫁接胶，注意要覆盖住所有有明显伤口的区域。

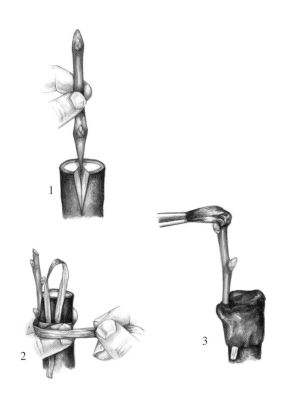

欧洲李的舌接

使用的工具必须干净，上面没有泥土，没有锈。用酒精消毒，确保没有病原真菌和病毒。这些预防措施可以使接穗快速愈合，确保果树寿命长久。

舌接法适用于砧木直径与接穗直径差不多的情况，尤其适用于砧木和接穗的直径都很小，粗度等于或小于一个小指头时。

这是分享一个操作中的小妙招：削一个小槽口，使接穗与砧木完美接合。

准备砧木

将砧木切出长度约为5厘米的规则斜面。

准备接穗

1.接穗上应该有3个芽眼。用力拿住接穗，切出一个5厘米的规则斜面。使斜面的方向向着枝条基部在要保留的芽眼的另一侧。

2.在砧木和接穗上的斜面中间各做一个槽口，这样可以将两部分紧密地接合。

> 手脏、下雨或者霜冻时，都不要进行嫁接。

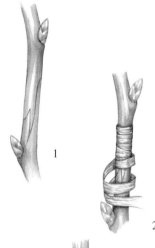

接合过程

1.可以非常轻松地将砧木和接穗这两部分接合，因为其角度和斜面是互补的。之前的槽口可以将整体紧密地固定住，确保稳定。

2.酒椰叶纤维绳是必不可少的。在嫁接操作的整个部位，从上向下紧紧缠绕几圈，确保形成层接触好。

3.用抹刀或刷子将嫁接胶涂抹在操作中暴露在外的部分，不要忘记涂抹接穗的顶端。

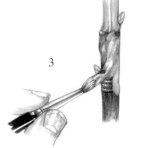

春季嫁接后的管理

1. 在嫁接后的几天里，一定要检查嫁接苗，看看砧木或接穗上有没有哪个地方缺胶，因为有可能流胶或者涂抹时遗漏了。如果有必要，应该补胶。

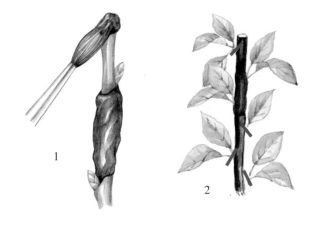

2. 在嫁接后的几周里，一直到8月，会沿着树干长出很多嫩芽。

3. 起初，抹掉从树干底部到1米高的所有嫩芽，紧挨接芽周围长出的芽也要去掉。

留下一半1米高到接芽之间的出芽，以便让树液供养接穗。当这些芽长到20厘米长时，再去掉一半。

4. 当嫁接苗芽眼萌发的嫩枝超过20厘米时，清理树干上的其他枝芽。

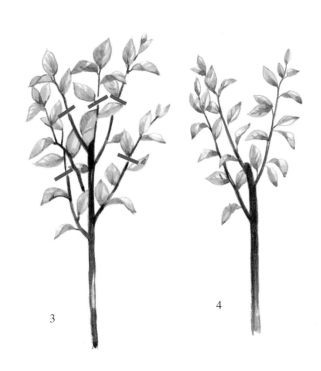

欧洲李的芽接

从7月中旬开始，可以用芽接法嫁接欧洲李了。正常情况下，从这个时候起，树液就开始降低其活跃度了。

如果气候炎热湿润，植物生长旺盛，等到8月20日，甚至更晚些再嫁接也没有问题。

> 芽接适合所有被推荐嫁接李子树的砧木，太粗的砧木除外。

1

嫁接的高度

1. 如果要培育限制形状的果树，嫁接要在夏季进行，且要贴近地面操作，大约是地面上5厘米的高度。

如果嫁接的目的是要在树干上形成一个高高的树冠，就在离地面1～2米的高度进行操作。这种嫁接专门用于剖面接近一根手指粗度的砧木。

2. 对于在底部嫁接的苗木，要在苗木根基部留出位置，用来放置接穗。去掉根基部离地面至少10厘米高度的所有嫩芽。然后用干抹布擦掉有可能存在的泥土颗粒。

2

> 欧洲李是天生活力旺盛的树木，组织中会存在过多的树液，这可能会不利于接芽成活。在这种情况下，在季节较晚的时间嫁接，同时要注意8月夜晚较凉的时候，树液可能会一下子下降很多。所以要特别警惕天气变化，因为这可能会令您错失一年的宝贵时间。

3

3. 对于在一定高度嫁接的苗木，在要芽接的区域内，仔细清理掉树干上20厘米范围内的所有芽和枝叶。

1

采集接穗

1. 采集的枝条必须有着饱满、成熟的芽眼。如果可能，应该在母株上选择中等健壮、侧生的枝条。

2. 即使不是立刻嫁接，也最好在早晨提取用作接穗的枝条。用剪刀将叶子剪掉，不要直接用手拔，叶柄必须保留约半厘米的长度。接穗枝条是从要嫁接品种的树木上提取的大约60厘米长的当年生健壮嫩枝。

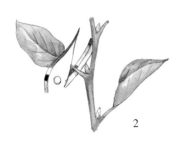

2

在生长旺盛的年份

为了有助于选定的接穗成熟，在提取接穗嫁接前15天，对其进行修剪。这种修剪是为了剪掉枝条顶端几厘米范围内正在长出的嫩芽。

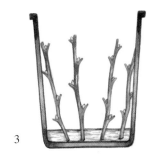

3

3. 在等待操作期间，将刚刚采集的接穗保存在一个桶中，放到阴凉的房间里，接穗底部插入5厘米深的水中。条件良好的话，这样可以保存至少3天。

底部和顶端的芽眼没有用处，它们也没有机会繁殖生长，尤其是顶端芽眼，它们不够饱满或木质化程度不够。

在苗木基部进行嫁接

切割砧木

1. 接芽应该置于离地面4～5厘米、树皮最为光滑的部分。手握嫁接刀，在这个高度切一个横切口，切的深度是切透树皮即可。

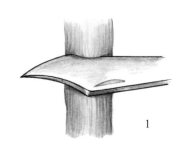

1

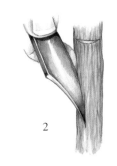

2

2.垂直拿着嫁接刀，刀尖朝下。在距离地面2厘米的地方，把刀尖插入，切透树皮层，从下向上做一个垂直开口，直到与横切口相接。

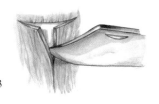

3

3.保持嫁接刀的位置不变，向侧面轻轻地撬起树皮。

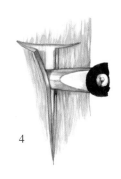

4

4.在树液丰富的砧木上撬起树皮应该是很容易的。将刮刀插入T形顶端的树皮下，一侧从上到下，另一侧从下到上，轻轻掀起树皮。

提取芽眼或接芽

1.一手拿着接芽，另一只手拿着刮刀。选好芽眼后，在芽眼下方约2厘米处切一个侧切口。

2.然后在芽眼上方2厘米处，把刀片中间部位插入以切取包括芽眼的一薄片树皮，将刀片向刀尖方向拉削移动。

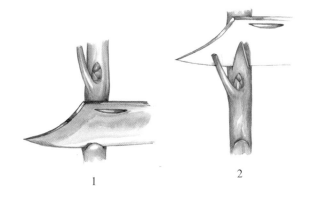

1

2

3.截取接芽时，带着一点木质是正常的。由于木质存在可能影响接芽成活，所以必须去掉。

4.注意，如果芽眼被掏空，接芽可能会成活，却不会有芽长出。出现这种情况时，提取另一个芽眼。

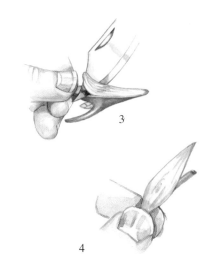

3

4

1

2

3

接合过程

1.用刀尖将砧木的树皮撑开，将接芽放入，芽眼朝上。可以用刀尖抵在芽眼接合处，将接芽插入。

2.用嫁接刀切掉接芽超出砧木上横切口的部分。如果有必要，用拇指和食指捏住开口的两侧树皮，调整芽眼。

3.现在只剩用酒椰叶纤维绳进行绑扎了。从T形的下部开始，绳子交叉系紧，然后向上缠绕，勒紧，但不要过度，一共要缠十几圈，缠的过程中将芽眼露出来。

在树干高处进行嫁接

按照与在苗木基部嫁接操作同样的要求和顺序进行即可。

嫁接后的管理

1.在嫁接后15天左右，嫁接苗才会恢复生长。此时，叶柄变干，容易脱落。如果叶柄没有脱落，并且芽眼呈黑色，表明嫁接苗没有成活。如果时间合适，可以再次尝试嫁接。

2.一个月以后，用嫁接刀切断接芽对面的绑绳，为它松绑。

3.来年春天，进行接芽的分株：将嫁接苗上方10厘米以上的部分去掉，抹除切面和接芽之间的芽眼。

4.那留下来的10厘米木头作为支柱，用来捆绑固定还很脆弱的嫩芽。4月，嫩接芽开始生长。

5.接下来几个星期，要不断地把支柱上长出的嫩芽都去掉。

6.用绳子将新梢绑在支柱上，注意不要伤到它，新梢生长得快，所以绳子不用勒得太紧。羊毛绳很合适，但芦苇草绳（灯芯草绳）会更好，因为在几个月后它们会自然而然地变松。不要用酒椰叶纤维绳，也不要用含金属的绳子。要定期检查绳子是否还有效力。

7.来年8月，当生长健壮的新梢已经长到几十厘米长了，用剪刀除去支柱，因为这时支柱已经没有用处了。

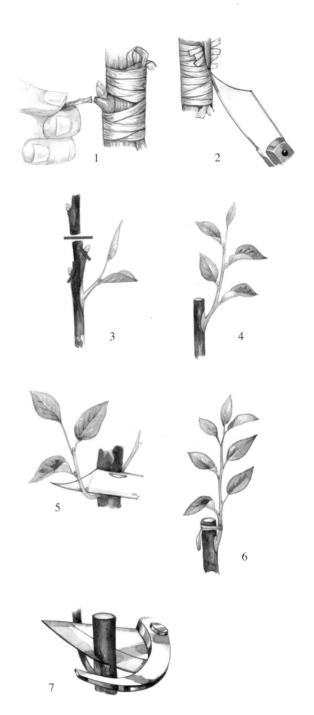

葡 萄

拉丁学名：*Vitis vinifera*

葡萄的栽培简单，对生长条件要求不高。有一堵采光良好的墙和一道结实的栅栏，葡萄就会健壮生长，无论是在宽度还是高度上，都能长得很美观。葡萄在不同类型的土壤中都可以旺盛地生长，但是不喜湿度太大、盐性和含有太多石灰质的土壤。不太肥沃又透气性好的土壤是最适合它的，这样可以使它的根扎得很深。

葡萄有多个品种，其中莎斯拉（chasselas）、马斯喀特（muscat）、意大利、红衣主教等品种的味道很特别。

葡萄的舌接

舌接在距离地面10厘米的高度操作，砧木直径与接穗直径要差不多。这里分享一个操作小妙招：削一个小槽口，使接穗与砧木完美接合。

采集接穗

1.11月，经过一段时间的冰冻后，在想要繁殖的品种树上采集接穗，

1

几个星期后进行嫁接。选择当年生幼枝，上面要有明显的芽眼，但也不要过分突出。在嫁接时间到来时，可以从那些长约40厘米的枝条上选到最好的接穗。

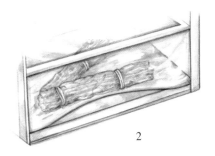

2.嫁接前，给接穗包上食品保鲜膜，放到冰箱里。

选择砧木

　　要嫁接葡萄，可以使用从苗木商人那里买来的扦插砧木或自己培育的砧木，也可以对结果不满意的葡萄树进行原位高接。

准备砧木

　　给砧木切出一个长度约为5厘米的规则斜面。

准备接穗

　　1.接穗上应该有1～2个芽眼。用力拿住，在要保留的芽眼的另一侧切出一个5厘米的规则斜面，斜面的方向向着枝条基部。

　　2.在砧木和接穗上的斜面中间各做一个槽口，这样可以将两部分紧密地接合。

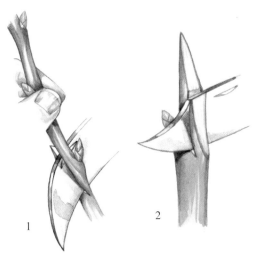

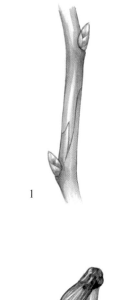

1

2

3

接合过程

1.可以非常轻松地将砧木和接穗接合，因为其角度和斜面是互补的。之前的槽口可以将整体紧密地固定住，确保稳定。

2.酒椰叶纤维绳是必不可少的。在嫁接操作的整个部位，从上向下紧紧缠几圈，使形成层接触好。

3.用抹刀或刷子将嫁接胶涂抹在操作中暴露在外的部分，不要忘记涂抹接穗的顶端。

嫁接后的管理

在嫁接后的几个月内，注意不要让竞争枝继续生长，因为竞争枝不利于接穗的生长，应将竞争枝及时齐根剪掉。

观赏
树和灌木

随着时间的推移，公园的面貌不断发生着变化。

今天，园丁们在选择观赏树和灌木时受到诸多因素的影响，包括气候、审实变化，流行趋势等。

为了满足新的需求，在现有栽培品种的基础上，苗圃种植者们不断探寻和创造新的栽培品种和杂交品种。此外，有些过去被遗忘的品种又再次被发现，并且流行起来。

所有这些树和灌木构成了丰富多彩的植物名录，可供园丁创造无限的园林风格。大多数树和灌木是通过播种、扦插或压条来繁殖。但对于有些树木来说，嫁接仍然是完整保留树木特征的最佳途径。

相思树属

拉丁学名：*Acacia*

相思树属原生于北美洲。它的花很香，呈白色或粉红色，聚成串状，下垂。这种树的木材耐腐蚀，因此被广泛用来制作栅栏和家具。

在根段上的简易舌接

采集接穗

1. 1月末，在经过一段时间的霜冻后，提取中意的相思树属品种的接穗。

挑选生长一年的枝条，上面要有饱满的芽眼，长30～40厘米，直径等于或小于铅笔直径的枝条就完全符合要求。

1

下面是适合嫁接相思树属的两种方法：

— 如果想要培育枝条贴地面生长的灌木，那么可在3—4月，采用简易的舌接技术，在生长2～3年的苗木根段上进行嫁接；

— 如果要培育成乔木状，就在4—5月，在一棵相思树属上进行冠状嫁接。理想的嫁接部位的树干直径应该是2～5厘米。

观赏性相思树属有多个品种，其中有球槐、凯尔西槐(Kelsey)和金叶刺槐，这三种都是只有通过嫁接才能培育的。

2. 在等待有利的嫁接时机期间，把枝条存放到不会使它们发生变化（既不能干枯也不能出芽生长）的地方。例如，在朝北、永远见不到阳光的墙底，将枝条埋入10厘米深的土中。

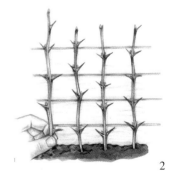

2

提取接穗

从土里取出一根苗木进行嫁接。挑选较细的相思树属幼苗，因为舌接要求砧木和接穗的直径相同。

1

准备砧木

1.用剪刀将砧木从根颈处剪下，也就是气生茎生出的下方1～2厘米处。用嫁接刀修剪切面，让切面清洁干净，不要有木屑。

2.用一块干燥非毛绒的抹布擦拭嫁接区域，以去掉上面可能存在的泥土或沙子。修剪苗木根须，剪掉三分之二的长度。

3.如果接穗上有棘刺，把棘刺从根处切除掉，以免在嫁接时受伤。

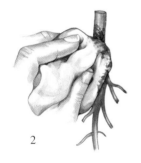

2

3

准备接穗

一只手紧握接穗，另一只手拿着嫁接刀。接穗上的嫁接部位要有3个芽眼，并且与砧木的切面直径相同。

在砧木和接穗上做的斜切面的长度要相同，并且是相同的角度。接穗斜切面的对侧面必须有一个芽眼。

接合过程

1.尽可能将嫁接的两个部分完全贴合对齐，然后用羊毛绳缠绕几圈绑缚，固定好整个嫁接苗。

2.在整个嫁接苗上涂抹冷用嫁接胶，同时仔细修整接穗顶部切口。在涂胶的过程中，注意接合部位要保持完全调整好的状态。

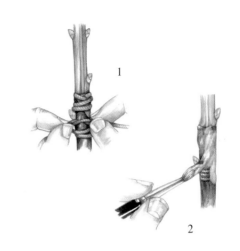

栽种嫁接体，确保成活

1.愈合期间，将嫁接体插入疏松的土中，如果没有，就插到花园里掺有河沙或砌墙细沙的土壤中。

把嫁接点完全埋入土中，盖上一个钟罩，保持密闭，这种技术叫"温室法"。

2.阳光灿烂的日子，遮盖上钟罩。到5月中旬，接穗愈合，撤掉钟罩。

3.继续将嫁接苗保留在原地，到来年11月，移植嫁接苗，为它在花园里选一个最终的位置。或让嫁接苗在空气中再被"滋养"一年，等待它根部和枝叶都健壮了再移植。

4.注意，相思树属的木质很脆弱，而小嫁接苗更脆弱。用一根坚固的棍子作为支撑，固定嫁接苗，长出来的嫩枝要绑在支撑棍上。

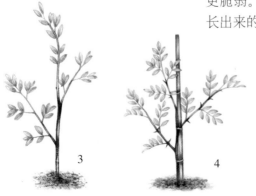

砧木上会长出不利于接穗的竞争枝，要定期清除。

相思树属的干上冠接

冠接的有利时机是相思树属繁华盛开时节，因为这表明树木进入生长期，树液大量存在于树皮下，更有助于将接穗插入砧木。

当砧木直径大于5厘米时，安插多个接穗，这样可以保持平衡，让树头生长得更健壮。

准备砧木

1

1. 在确定好嫁接的高度后，用锯子将树干横向锯断。要培育观赏性金合欢树，树干至少要有1.8米的高度。锯会把木质部分锯成齿状，所以必须用刀修整切面四周，使切面干净。

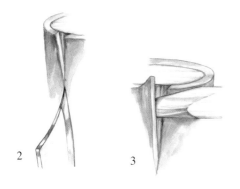

2   3

2. 用嫁接刀割一个纵向的切口，切的深度是切透树皮即可。

3. 用刀尖撬起树皮一侧。

准备接穗

1.从枝条的中间部位提取接穗，因为中间的芽眼质量最佳。

2.一只手拿着接穗，粗的部分向前，以食指作为支撑，用嫁接刀在芽眼底部对侧面轻轻切一个横切口，然后，刀片低一点，稍稍去掉一些树皮屑。

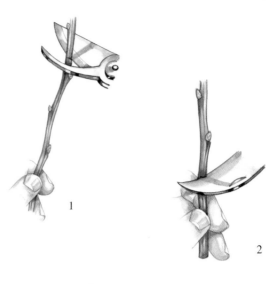

1

2

3.把接穗转过来，嫁接刀放到刚刚做的切口处，拇指撑住树皮，刀用力拉削移动。

3

4.将接穗背面顶端削切成斜面，以防止在插入时树皮卷起。由于接穗有一侧要贴合在砧木未撬起的树皮部分，所以在这一侧去掉一小条树皮。

5.剪掉第三个芽眼上面的部分。

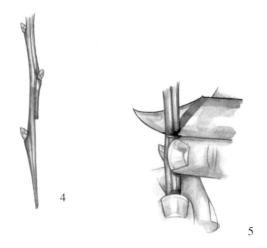

4

5

接合过程

1.让接穗滑进撬起的树皮下，一直到接穗切口顶部抵在砧木的木质上。

1

2.将嫁接苗严密绑扎，以便让砧木树皮均匀地贴合在接穗上。用拇指固定酒椰叶纤维绳的一头，从嫁接的上部开始，向下均匀缠绕，一直缠到嫁接点下面，缠的过程中要用力缠紧。最后一圈做一个环扣，把纤维绳另一头儿穿过去，系结实。

2

3.只有将所有明显的伤口完全涂上嫁接胶，操作才算完成。不要忘记涂接穗的顶端，这十分重要，可以防止干枯。

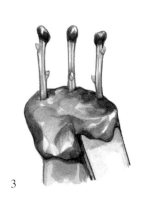

3

嫁接后的管理

1.注意，相思树属材质很脆弱，所以要沿树干立一根木棍。在嫁接苗长出嫩枝时，将它们绑在木棍上，以免折断。

1

2

2.在几个月中，一些徒长枝将沿树干强势长出，要不断地将它们齐根剪掉。当树冠长成且逐渐健壮时，便不再有徒长枝芽生出。

3.如果插入了多个接穗枝条，正在长成的小树冠内生出多余的嫩枝互相妨碍，就剪掉它们。

3

木　槿

拉丁学名：*Hibiscus syriacus*

　　木槿是落叶灌木，夏季开花，花期可延长至霜冻。其花形与蜀葵花相似，单瓣或重瓣，有白、粉、红、蓝、紫和淡紫等色，花的大小因品种差异而有所不同。

> 舌接和镶接的效果都很好。

选择砧木

　　播种繁殖的木槿灌木开的花是深紫色的。用播种后生长2～3年的木槿灌木作砧木，树干底部要和铅笔一样粗，甚至更粗些。

木槿的舌接

　　当砧木直径与接穗直径差不多时，可以使用舌接法。这里分享一个操作中的小妙招：削一个小槽口，使接穗与砧木完美接合。

　　理想的嫁接时间是强霜冻时期过后，一般是3月中旬以后。

采集接穗

　　1.应在1-2月，也就是严寒期后，在中意的木槿品种上采集枝条。挑选长30～50厘米的一年生枝。

　　即使只在一根砧木上嫁接，也要采集多个枝条，防止枝条干枯或意外生长。

　　2.把采集的枝条扎成捆，贴上标签标明品种，或涂上不同的颜色来区分。

3.成功嫁接的重要条件之一就是接穗的保存。接穗不能干枯，也不能发芽。可以包上食品保鲜膜，放在冰箱里。

也可以按照古老的方式保存。在太阳绝不会照到的地方，例如建筑物的北面，将其埋入十几厘米深的土或沙子里。冬季，小心那些啮齿动物，它们在缺少食物的时候会去咬噬接穗。

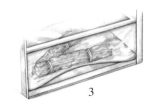
3

准备砧木

将砧木切出一个长度约为3厘米的规则斜面。

1

2

准备接穗

1.接穗上应该有3个芽眼。用力拿住接穗，在要保留的芽眼的另一侧切出一个3厘米的规则斜面，斜面的方向向着枝条基部。

2.在砧木和接穗上的斜面中间各做一个槽口，这样可以将两部分紧密接合。

接合过程

1.可以非常轻松地将砧木和接穗这两部分接合，因为其角度和斜面是互补的。之前的槽口可以将整体紧密地固定住，确保稳定。

1

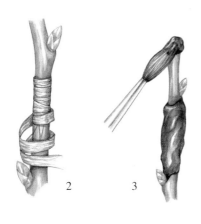

2.酒椰叶纤维绳是必不可少的，从嫁接苗的上部向下紧紧缠几圈，使形成层较好接触。

3.将嫁接胶涂抹在操作中暴露在外的部分，不要忘记涂抹接穗的顶端。

木槿的镶接

采集接穗

1.从长度中等的枝条上提取接穗，上面要保留3个饱满的芽眼。

2.用拇指和食指紧紧捏住接穗，在其基部切出两个尖锐的斜面。斜面顶部就始于芽眼的底部。

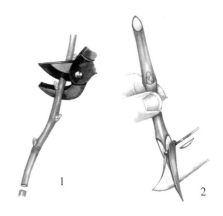

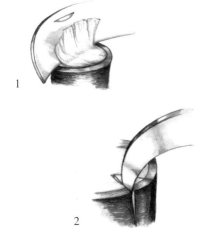

准备砧木

1.用剪刀在想要的高度截断砧木，用嫁接刀将切面修整干净。

2.用嫁接刀的刀尖，去掉砧木顶端的一块木质，留出一个与接穗上的形状吻合的槽口。

这个操作不好处理，需要准确而快速。可以将事先准备好的接穗拿出来，按照所要实现的切口角度模仿着做。

接合过程

1.将接穗用力插入砧木上的槽口中，直到接穗基部的芽眼与砧木横切口对齐，也就是直至接穗的斜切面顶端。要好好调整接穗，使接穗与砧木的形成层相接触。

2.为确保嫁接苗安全挺立，用酒椰叶纤维绳将其绑扎结实。在嫁接苗上从上向下缠绕几圈，最后用活扣系住。

3.用抹刀或刷子涂上嫁接胶，这是必不可少的。注意要覆盖住所有有明显伤口的区域。

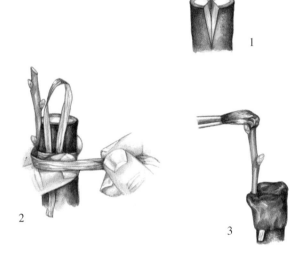

嫁接后的管理

1.用玻璃钟罩或其他小的保护装置盖住刚刚嫁接的木槿苗，防止空气流通。阳光太强烈时，在上面盖上一个草席或帆布。到5月中旬时，不用再怕霜冻，这时接穗愈合，撤掉保护装置。不用担心，木槿很晚才会开始生长。

2.在嫁接苗开始生长后，用锋利的嫁接刀定期清除长出来的嫩枝，因为它们会和接穗竞争。

山楂属

拉丁学名：*Crataegus*

　　在天然绿篱和乡村的树林里，我们会看到野生山楂树与其他树种交错而生。这种树十分强壮，适应各种土壤，并且抗寒、抗城市污染。由于山楂树枝条上长有很多刺，所以用它做成的篱笆具有防御性，并且能承受住定期的大修剪。山楂树的高度可达6米，花期在春季，开花繁盛，花色白色，果实鲜红色，能持续大半个冬季而不落。

山楂属的芽接

　　最好在树液开始不那么活跃的时候进行操作，这时可以提取完全成熟的接穗，将其嫁接在还有树液的砧木上。

　　从7月中旬开始，在天气干燥的早晨或晚上进行嫁接操作。如果气温非常高，而且树液活动非常活跃（表现为树芽大量萌发），就要再等几天，甚至1～2周也不算晚。

采集接穗

1

　　1.从要繁育的树上剪下选好的枝条，必须是当年5月生出的枝条，长度可以是30～60厘米。

　　立刻用嫁接刀或剪刀除掉叶子以避免接穗干枯，留下半厘米的叶柄。

选择砧木

　　砧木可用实生普通山楂树（也称锐刺山楂）。挑选2年或3年生的苗木，树干底部直径大约1厘米。

2. 如果不是马上嫁接，把接穗放在一个桶里，放到阴凉的地方，底端浸入5厘米深的水中。

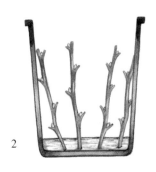

有多个观赏性品种可通过芽接进行繁育，开白色、粉色或红色的花，单瓣或重瓣。

准备砧木

1. 嫁接操作在距地面约10厘米处进行。如果树干上还有枝或芽妨碍嫁接，就将它们完全清理掉。

用干抹布清除掉要操作区域上可能存在的泥土颗粒。

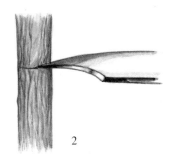

2. 右手拿着嫁接刀，在一块光滑的树皮上切一个横切口，切的深度是切透树皮即可。然后在刚刚做的横切口下方3厘米处把刀尖插入，切一个纵切口，从而形成一个T形。

切这些切口时，一旦切开树皮层后感觉到一种抗力，就表明不能再向深处切了。

提取芽眼

1. 现在接穗备齐，可以提取芽眼了。握紧接穗，基部朝下，选择接穗中间的芽眼，因为那是最成熟的地方。

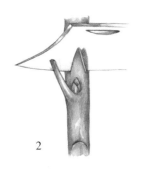

2. 要取下包括芽眼的一薄片树皮。首先在芽眼下方2厘米处切一个侧切口，然后把嫁接刀刀片中间部位插入芽眼上方2厘米处，向刀尖方向拉削移动，当刀片达到之前的切口时，芽眼就被提取出来了。

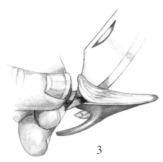

3. 去掉芽眼下的小木质，因为在大多数情况下，取下接芽时会带着一点木质部分，而它会阻碍愈合。

检查芽眼是否被掏空：在光照下，如果芽眼透光，就是掏空了，这不会影响成活，但不会有芽生出。

接合过程

1. 用刮刀将T形上部的两侧树皮打开，把接穗插入，芽眼朝上，刀抵在芽眼结合处，借助刀将整个接穗插入。

接穗的理想位置是芽眼位于T形纵切口的中间。切除接穗超出T形横切口的部分。

2. 树皮可以固定接穗，但这还不够。要完成操作还须用酒椰叶纤维绳缠十几圈，不要束得太紧，缠的过程中将芽眼露出来。

用左手的拇指撑住约20厘米长的酒椰叶纤维绳的末端，然后从低向高缠绕束紧，最后一圈应该松些，以便做个结扣，绑紧整体。

嫁接后的管理

1. 在嫁接后15天左右，接芽才会恢复生长。此时，叶柄干燥，容易脱落，如果没有脱落并且芽眼呈黑色，那就是嫁接苗没有成活。一个月以后，就可以用嫁接刀切断接芽对面的绳结来给它松绑了。

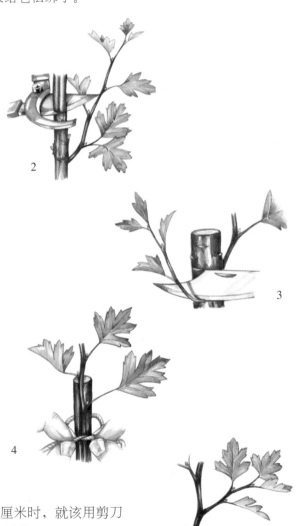

2. 来年春天，进行接芽的分株：将接芽上方10厘米以上的砧木切掉，抹除切面和接芽之间的芽眼。那留下来的10厘米木头作为支柱，用来捆绑固定还很脆弱的嫩芽。

3. 4月，嫩接芽开始成长。在接下来的几周里，要不断地抹掉沿着支柱长出的萌芽。

4. 用绳子将新梢绑在支柱上，注意不要伤到它。新梢生长得快，所以绳子不用勒得太紧。羊毛绳就很合适，但芦苇草绳（灯芯草绳）会更好，因为在几个月后它们会自然而然地变松。不要用酒椰叶纤维绳，也不要用含金属的绳子。要定期检查绳子是否还有效力。

5. 8月，当健壮的新梢长到几十厘米时，就该用剪刀除去支柱了，因为这时支柱已经没有用处了。

针叶树

拉丁学名：*Abies, Cedrus, Larix, Pseudolarix, Picea, Thuja, Taxus, Juniperus, Chamaecyparis*

世界上有将近600种针叶树或产树脂的树，大部分属于常青树，分为7大类，其中，松树在法国比较普遍。最常见的针叶树有冷杉、雪松、落叶松、云杉、崖柏、红豆杉、刺柏、扁柏属。

每一类针叶树都包括多个栽培品种和自然品种，它们的外形、健壮度和颜色各不相同：有矮树和高树；针叶颜色有蓝色、绿色或金黄色；外形有直立、舒展、攀缘或倒垂等。

针叶树多适宜于含腐殖质、松软和新鲜的土壤。但奥地利黑松是个例外，它在很恶劣的环境下（尤其是含石灰质土地）都能茂盛生长。

选择砧木

可以使用的砧木是播种繁殖、生长2年或3年的苗木。在此之前，要将选好的砧木栽培在小花盆中，冬季保存在冷温室的玻璃罩栽培箱里。

针叶树的腹接

春初，树液上升，是腹接的理想时期。

播种繁殖不能培育与原物种相同的苗木。相反，嫁接可以完全保留原物种特征。

修剪砧木

在嫁接时，先仔细修剪砧木：清理苗木基部，将距离地面约10厘米范围内的所有枝芽都去掉。这项操作是要齐根清除所有分枝权，注意不要剥下或切到树皮。操作完成后，茎干会非常光滑。

采集接穗

1. 从健康的针叶幼树上提取最好的枝条。枝条长约10厘米，上面长有上一年生的嫩芽。

2. 清理接穗基部，将距离地面5～6厘米范围内的所有小枝芽都去掉。

> 嫁接针叶树要使用特别锋利的嫁接刀。刀片必须干净，上面不要有树脂，用松节油清洁的效果就很好。

准备砧木

1. 用一只手的拇指和食指捏住砧木，另一只手清理砧木表面，找到最光滑的一面。

2. 在距离地面3厘米的地方，用嫁接刀从上向下开一个切口，切得深度是切透树皮。

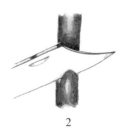

3. 一只手拿住砧木，在第一个切口上面5厘米的地方再切一个切口。从上向下切掉一条树皮，一直到第一个切口处。

准备接穗

1. 一只手拿住接穗，另一只手握着嫁接刀，以拇指作为支撑点，去掉一块树皮，大小要与砧木上去掉的树皮完全相同。切面必须平坦，没有木屑。

2. 把接穗转过来，在所做切面的对侧面做一个几毫米的小斜面。

接合过程

1. 如果在砧木和接穗上所做的切面完全一致，那么接穗的插入会很顺畅：接穗基部的斜面能够插入砧木基部的槽口内。

2. 拇指和食指用力捏住两个贴合的伤口，另一只手拿一根30厘米长的酒椰叶纤维绳，从上向下绑扎嫁接苗，最后做个结扣，将整体绑扎结实。

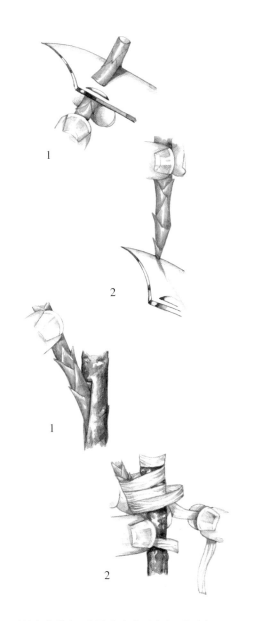

3

3. 为避免空气与嫁接造成的裸露部分接触，将操作的整个部位仔细地涂上冷用胶或热用嫁接蜡。

把嫁接木存放到避光的地方

1. 嫁接后愈合的时间一般是3周，这期间，把嫁接木放到温室里或玻璃罩下。

1

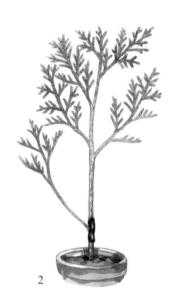

2

2. 3周后，把嫁接木置于空气流通、避光的地方，一直到嫁接木成活和分株。

分株

分株就是清除嫁接砧木上长出的枝叶。要分三步进行，以避免树液流动过强，使接穗被"淹死"。

1. 嫁接2个月后，去掉砧木顶梢。

1

2.嫁接6个月后，修剪掉砧木上第一批叶子2厘米以上的部分。

3.嫁接一年后，剪掉嫁接点2厘米以上的砧木部分。在等到秋季将嫁接木移植到地面上之前，要一直处于培育状态。

2

3

嫁接后的管理

1.要完全避免光照，尤其是保持根部干爽，既不能太多，也不能太干。

1

2.天气干燥炎热时，适宜每周浇水一次，并定期喷雾状水，以保持叶子的水分。

2

槭　属

拉丁学名：*Acer*

　　槭属主要用于观赏，它对生长环境的要求因品种而异，生长特点也不尽相同。槭属有50多个种，栽培品种大约200种。

> 槭属嫁接后主要难点就在于选择适当的砧木，以避免出现砧木和接穗不亲和的情况。

槭属的芽接

　　芽接从8月初开始进行。如果气温非常高，树液非常活跃（表现为树芽大量萌发），就要再等几天，甚至1～2周。

> 当槭属接穗足够坚固甚至易折断时，就表明其已经成熟了。

采集接穗

　　从要繁育的树上剪下选好的枝条，必须是当年5月生出的枝条。立刻用嫁接刀或剪刀除掉叶子，以避免接穗干枯，留下半厘米的叶柄。如果不是马上嫁接，把接穗贮存到阴凉的地方，放在桶里，底端浸到5厘米深的水中。

> 槭属最常用的嫁接方式是芽接。但是在春初或7-8月培育生长缓慢的品种时，可以采用嵌芽接。嫁接鸡爪槭可采用贴接。

选择砧木

下面是可作为砧木的槭属品种：

——挪威枫，专门用于嫁接青皮槭、色木槭和条纹槭；

——栓皮槭，可以用于嫁接与挪威枫同一类的栽培品种；

——梣叶槭，它与银白、金黄杂色枫叶的白蜡槭具有很好的亲和力；

——鸡爪槭，可以用于嫁接藤槭、日本槭、紫花槭、白泽槭；

——欧亚槭，用于嫁接革叶槭、巴尔干槭、五小叶槭；

——糖槭，是嫁接血皮槭、威尔细裂槭或锥状槭的砧木。

1

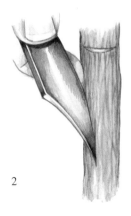

2

准备砧木

1. 无论是在砧木接近地面的部位操作还是在砧木上部操作，嫁接前要齐根去掉操作部位约20厘米范围内的所有分枝。

用干抹布完全擦掉要操作区域中可能存在的泥土或沙粒。在砧木上距地面5厘米处进行嫁接时，尤其需要这项操作。

2. 一只手拿着嫁接刀，在一块光滑的树皮上切一个横切口，切的深度是切透树皮即可。然后在刚刚做的横切口下方3厘米处把刀尖插入，切一个纵切口，从而形成一个T形。

切这些切口时，一旦切开树皮层后感觉到一种抗力，就表明不能再向深处切了。

提取芽

1. 现在接穗备齐，可以提取芽了。握紧接穗，基部朝下，选择接穗中间的芽眼，因为那是最成熟的地方。

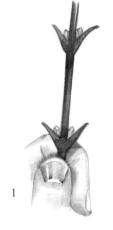

1

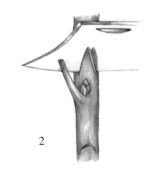

2

2.要取下包括芽眼的一薄片树皮。首先在芽眼下方2厘米处切一个侧切口，然后把嫁接刀刀片中间部位插入芽眼上方2厘米处，向刀尖方向拉削移动，当刀片达到之前的切口时，芽眼就被提取出来了。

3.去掉芽眼下的小木质，因为在大多数情况下，取下接芽时会带着一点木质部分，而它会阻碍愈合。检查芽眼是否被掏空：在光照下，如果芽眼透光，就是被掏空了，这不会影响成活，却不会有芽生出。

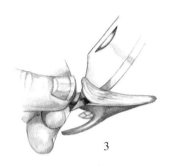

3

接合过程

1.用刀将T形上部的两侧树皮切开，把接芽插入，芽眼朝上，刀抵在芽眼接合处，借助刀将接芽插入。接芽的理想位置是芽眼位于T形纵切口的中间。

1

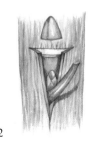

2

2.切除接芽超出T形横切口的部分。

3.树皮可以固定接芽，但这还不够。用左手的拇指撑住约20厘米长的酒椰叶纤维绳的末端，然后从低向高缠绕束紧，最后一圈应该松些，以便做个结扣，绑紧整体。缠的过程中将芽眼露出来。

3

嫁接后的管理

1. 在嫁接后15天左右，接穗才会恢复生长。此时，叶柄干燥，容易脱落，如果没有脱落并且芽眼呈黑色，那就是嫁接苗没有成活。如果接芽和砧木中还有树液存在，应重新进行此操作。

1

2. 一个月以后，就可以用嫁接刀切断接芽对面的绳结来给它松绑了。

2

3. 来年春天，进行接芽的分株：将接穗上方6厘米以上的砧木切掉。留下来的几厘米木头作为支柱，用来捆绑还很脆弱的嫩芽。

4. 4月，嫩接芽的芽眼鼓起，然后生长。在接下来的几周里，要不断地抹掉沿着支柱和砧木其他地方长出的萌芽。

5. 用绳子将新梢绑在支柱上，注意不要伤到它，新梢生长得快，所以绳子不用勒得太紧。羊毛绳就很合适，但芦苇草绳（灯芯草绳）会更好，因为在几个月后它们会自然而然地变松。不要用酒椰叶纤维绳，也不要用金属绳。要定期检查绳子是否还有效力。

6. 翌年初春，除去支柱。用锯子小心锯掉新梢生长点上面的砧木。

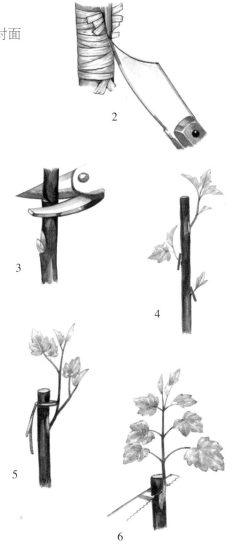

3

4

5

6

槭属的嵌芽接

嵌芽接与众所周知且被广泛采用的芽接技术很相似。这种嫁接方式有很多优点，在植物恢复生长前、生长初期和夏季均可进行操作。

适宜进行嵌芽接的时间有两个：一个是初春到半木质化嫩枝时期，也就是3月初到4月底；另一个是从植物停止生长到秋季，也就是从8月中旬到9月底。

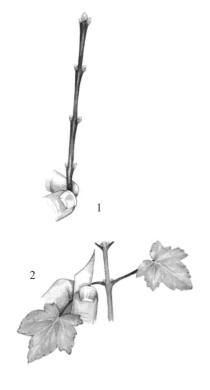

采集接穗

1.在决定嫁接的时间采集接穗。选取一根2年生枝条，上面有最新生长的枝叶，直径平均为4毫米。要挑选健康的枝条，上面的芽眼均匀分布。

2.如果是夏末嫁接，就去掉接穗上面的叶子，留下半厘米长的叶柄。在等待嫁接期间，将接穗放到一个桶里保存，底端浸到5厘米深的水中。

准备砧木

1.用嫁接刀仔细清除嫁接区域几厘米范围内的所有萌芽，因为它们可能妨碍嫁接操作。为了安插接穗，要选择一个没有树节的平面。

2.嫁接刀成60°角，向下切一个约3厘米的纵向切口，这是第一个切口。在第一个切口上面3厘米的地方再切一个切口，然后返回第一个切口，注意返回时不要挖到树皮。完全取出掀起的树皮下的木质碎屑。

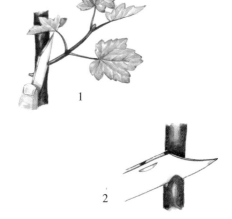

提取接芽

在选定接穗的中间位置提取一个芽，得到一个饱满的芽眼。修剪接芽，接芽上要有一个芽眼。接芽的大小和外形应该与从砧木上取走的木质碎屑一致。

1

接合过程

1.把提取的芽放入砧木上的切口中，两者要结合成为一体。

2

2.用酒椰叶纤维绳缠绕几圈，固定嫁接整体。注意不要盖住芽眼，在操作中必须保持均匀用力，不要绑扎太紧。

> 进行嵌芽接时，使用的工具要特别锋利，以便切出的接触面十分平滑，这样才能确保操作成功。

春季芽眼长出时进行嫁接后的管理

1.嫁接3周后，用剪刀剪掉或用锯锯掉嫁接点上的砧木。将切口完全涂上胶。

2.清除掉沿树干、嫁接处生出的萌芽，要随长随除。

春季芽眼休眠时进行嫁接后的管理

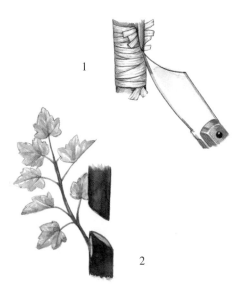

1. 嫁接后一个半月左右，松开绑绳。

2.等到翌年三四月，当芽眼已经长出小嫩枝时，去掉它上面的砧木。

3.如果嫁接的芽眼看上去已经成活,但是还没有长出任何芽,可以在5月进行分株,注意要在切面处涂上胶。

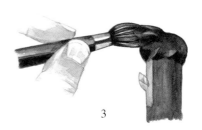

3

4

4.嫁接后的几个月中,砧木上萌出的新芽会和接穗产生竞争,要不断清除这种新芽,以促进接穗芽眼的生长。

5.用支柱支撑长出的嫩枝,防止鸟或风将它们折断。

5

　　要削切得干净利落,需要好好保养嫁接刀,日常要保持清洁,定期磨刀。

槭属的贴接

特别建议用贴接技术嫁接鸡爪槭。阳春三月，温暖明媚却很短暂。要赶快行动，不要等到雨天或热天来临。要进行贴接的话，砧木和接穗最好是直径相同。

采集接穗

1.选择1月或2月树液完全停止流动的时间采集接穗，气温低于0℃时除外。用剪刀小心地截取有最新萌芽的枝条，上面要有明显可见的芽眼。理想的接穗是平均直径3～4毫米。

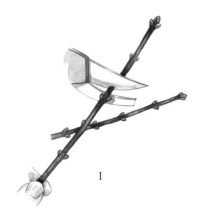

2.嫁接前，接穗要保持良好状态，把它们扎成小捆，包上食品保鲜膜，放到冰箱的蔬菜盒子里。

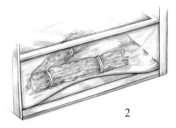

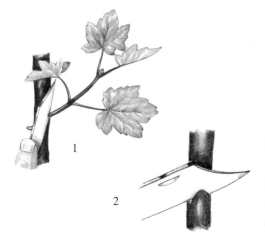

准备砧木

1.清除砧木上距离地面10厘米范围内的所有枝芽。

2.选择清除后的砧木上最光滑的部分，在距离地面3厘米的地方，用嫁接刀从上向下开一个切口，切的深度以切透树皮为宜。

3. 一只手拿住砧木，在第一个切口上面5厘米的地方再切一个切口。从上向下切掉一条树皮，一直到第一个切口处。

3

准备接穗

1. 理想的接穗是上面有3个芽眼。去掉一块木质，大小要与砧木上去掉的树皮完全相同，以便让砧木和接穗完全互补。一只手拿住接穗，另一只手拿着嫁接刀，以拇指作为支撑点，去掉一块木质。

1

2. 把接穗转过来，在上面所做切面的对面，做一个几毫米的小斜面。

2

3. 剪掉第三个芽眼上面的部分。

3

1

接合过程

1.首先将削成斜面的接穗基部插入砧木基部的槽口内。然后将裸露的两部分接触上,它们会自然贴合好。

2

2.将贴合的两部分捏住,用一根酒椰叶纤维绳从上向下缠几圈,最后做个结扣,将整体绑扎结实。

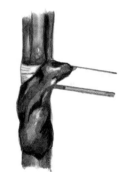

3

3.给嫁接木涂胶非常重要,需要小心地覆盖上嫁接时裸露的部分。动作要小心细致,不要伤到接穗芽眼。

嫁接后的管理

嫁接后几个星期,嫁接苗就恢复生长了。芽眼鼓起,沿小树干长出小嫩枝。

要不断修剪掉这些嫩枝以便促进芽眼的生长。嫁接的夏季过后,一般就不再需要修剪了。

梣 属

拉丁学名：*Fraxinus*

梣属是一类生长很快的大型阔叶树，喜凉爽、湿润的环境，也适应贫瘠、石灰质的土地。在法国，除了地中海地区，在其他各地都能看到梣属。

梣属的种类有很多，大部分是外形多样的观赏性树木。它们在树林中自然生长，是一种优质的砧木，很容易采集到。

> 梣属通常使用的嫁接技术是芽接，但是倒垂形品种是个例外，要采用冠接法，在树干高处嫁接。

梣属的芽接

在2年或3年生的苗木基部嫁接，树干基部的直径约1厘米。在树液流动不那么活跃的时候操作，这时很容易提取成熟度高的接穗，将其嫁接在还有树液的砧木上。

采集接穗

1. 从要繁育的树上剪下选好的枝条，必须是当年5月生出的枝条，长度可以是30～60厘米。

1

2

2. 立刻用嫁接刀或剪刀去掉叶子，以避免接穗干枯，留下半厘米的叶柄。

3.如果不是马上嫁接，把接穗贮存到阴凉的地方，放到一个桶里，底端浸入5厘米深的水中。

选择砧木
　　普通白蜡树或实生白蜡树（也叫欧洲白蜡树）都可以做砧木。

准备砧木

1.嫁接操作在距地面约5厘米处进行。如果树干上还有树芽妨碍嫁接，将其完全清理掉。

2.用干抹布清除操作区域上可能存在的泥土颗粒。

3.右手拿着嫁接刀，在一块光滑的树皮上切一个横切口，切的深度是切透树皮即可。然后在刚刚做的横切口下方3厘米处把刀尖插入，切一个纵切口，从而形成一个T形。

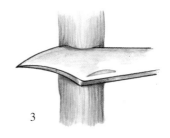

　　切这些切口时，一旦切开树皮层后感觉到一种抗力，表明不能再深入切了。

提取芽眼

1. 现在接穗备齐，可以提取芽眼了。握紧接穗，基部朝下，选择接穗中间的芽眼，因为那是最成熟的地方。

要取下包括芽眼的一片薄片树皮，首先在芽眼下方2厘米处切一个侧切口，然后把嫁接刀刀片中间部位插入芽眼上方2厘米处，向刀尖方向拉削移动。

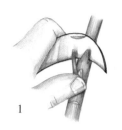

2. 去掉芽眼下的小木质，因为在大多数情况下，取下接芽时会带着一点木质部分，而它会阻碍愈合。

检查芽眼是否被掏空：在光照下，如果芽眼透光，就是掏空了。这不会影响成活，却不会有芽生出。

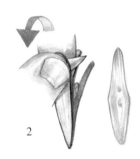

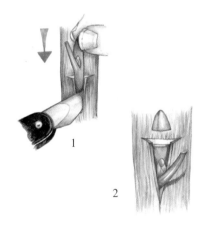

接合过程

1. 用刀将T形上部的两侧树皮打开，把接穗插入，芽眼朝上，刀抵在芽眼结合处，借助刀将整个接穗插入。接穗的理想位置是芽眼位于T形纵切口的中间。

2. 切除接穗超出T形横切口的部分。

3. 树皮可以固定接穗，但这还不够。要完成操作，还须用酒椰叶纤维绳缠十几圈，不要束得太紧，缠的过程中将芽眼露出来。用一只手的拇指撑住约20厘米长的酒椰叶纤维绳的末端，然后从低向高缠绕束紧，最后一圈应该松些，以便做个结扣，绑紧整体。

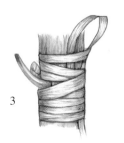

嫁接后的管理

1. 在嫁接后15天左右，接穗才会恢复生长。干燥的叶柄容易脱落，如果没有脱落并且芽眼呈黑色，那就是嫁接苗没有成活。

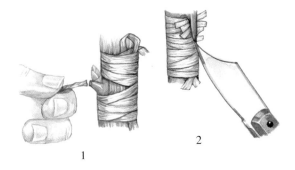

1

2

2. 一个月以后，就可以用嫁接刀切断接芽对面的绳结来给它松绑了。

3. 来年春天，进行接芽的分株：将接穗上方10厘米以上的砧木切掉，抹除切面和接芽之间的芽眼。留下来的10厘米木头作为支柱，用来捆绑固定还很脆弱的嫩芽。

4. 4月，嫩接芽开始成长。在接下来的几周里，要不断抹掉沿着支柱长出的萌芽。

5. 用绳子将新梢绑在支柱上，注意不要伤到它，新梢生长得快，所以绳子不用勒得太紧。羊毛绳就很合适，但芦苇草绳（灯芯草绳）会更好，因为在几个月后它们会自然而然地变松。不要用酒椰叶纤维绳，也不要用含金属的绳子。要定期检查绳子是否还有效力。

6. 8月，当健壮的新梢长到几十厘米，就该用剪刀除去支柱了，因为这时支柱已经没有用处了。

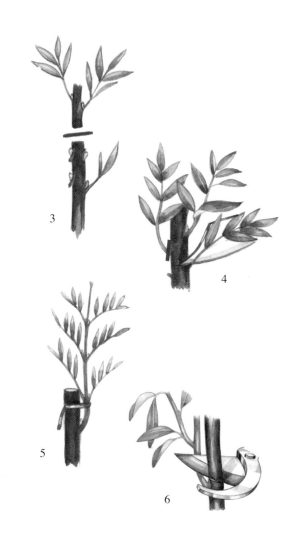

3

4

5

6

梣属的冠接

冠接用于倒垂型梣属。可以做砧木的是培植生长的普通茎干形白蜡树，在2～2.5米的高度嫁接，切面直径至少是2厘米或3厘米。

在4-5月进行冠接，这时树液大量存在于树皮下。冠接可以在很晚的时候进行，也就是砧木上已经长出叶子的时候。

准备砧木

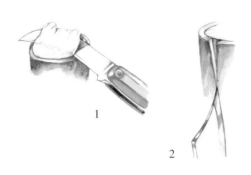

1. 用锯将树干锯断，由于锯会把木质部分锯成齿状，所以要用刀修整切面四周，使切面清洁干净。

2. 用嫁接刀割一个8～10厘米长的纵向切口，切的深度是切透树皮即可。用刀尖撬起树皮。

准备接穗

1. 从枝条的中间部位提取接穗，以便利用上面饱满的芽眼，芽眼数量为3个。

2. 一只手拿着接穗，粗的部分向前。以食指作为支撑，用嫁接刀在芽眼底部对侧面切一个浅浅的横切口，然后，刀片放低一点，稍稍去掉一些树皮屑。

3. 把接穗转过来，嫁接刀放到刚刚做的切口那，用拇指撑住树皮，刀用力直接拉削移动。还要将接穗背面顶端削切成斜面，以防止在接穗插入时树皮卷起。

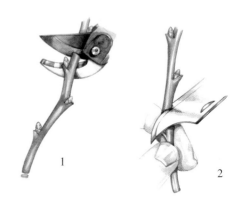

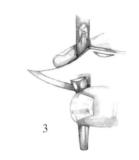

4

5

4.由于接穗有一侧要贴合在砧木未撬起的树皮部分，所以在这一侧去掉一小条树皮。

5.剪掉第三个芽眼上面的部分。

接合过程

1.让接穗滑进撬起的树皮下，一直到接穗切口顶部抵在砧木的木质上。

2.用酒椰叶纤维绑扎嫁接木，让砧木树皮紧贴接穗。

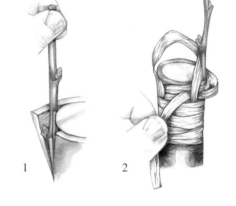

1

2

3.用嫁接胶充分涂抹所有明显裸露的伤口。

4.这种嫁接木很吸引鸟类，鸟在上面栖息可能会造成接穗折断，所以要在树干上固定结实的枝条来保护接穗。

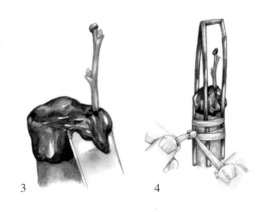

3

4

嫁接后的管理

1.嫁接后的几天中，一定要检查砧木或接穗是否有哪个地方缺胶，因为有可能流胶或涂抹时遗漏了。如果有必要，应该补胶。

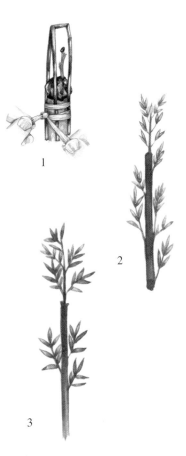

1

2.在嫁接后的几周里，一直到8月，沿着树干会长出很多嫩芽。

2

3.起最，抹掉从树干底部到1米高范围内生出的所有嫩芽，紧挨接芽周围长出的芽也要去掉。留下一半1米高到接芽之间的出芽，以引来树液，滋养接穗。

3

4.当这些芽长到20厘米长时，再去掉一半。

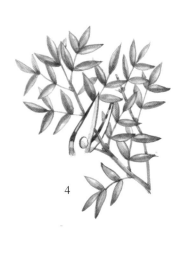

4

5.当接穗芽眼生出的嫩枝超过20厘米时，完全清理掉树干上的枝叶。

5

银　杏

拉丁学名：*Ginkgo biloba*

　　银杏是一种落叶树，叶子呈扇形，淡绿色，在秋季变成金黄。银杏树外观漂亮、挺立，成年树可高达30米。银杏树是雌雄异株，所以存在雄性树和雌性树。

　　银杏天生抗性强，各种土质都能适应，甚至是贫瘠和石灰质土壤，对病虫害和空气污染也有很强的抵抗力。

在多高的位置嫁接？

　　1.对于圆柱形树，在贴近地面处嫁接。苗木必须是3年生左右，根颈处直径约1厘米。

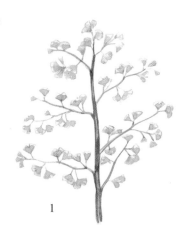

1

　　已经培育出多个外形倒垂和圆柱状的栽培品种。根据不同的品种，可以采用芽眼生长时的嵌芽接、芽眼休眠时的嵌芽接或树头劈接法。

选择砧木
　　银杏树应在实生纯树种上嫁接。

2

　　2.对于倒垂型品种，要在2米高度处嫁接。因为银杏长得非常慢，所以需要培育很多年。

银杏的嵌芽接

可以采集接穗的两个时间为：

初春到半木质化嫩枝时期，也就是3月初到4月底；

从植物停止生长到秋季，也就是从8月中旬到9月底。

> 嵌芽接要求工具非常锋利，以便生成的接触面非常平坦，无木屑。

采集接穗

在中意的树上寻找当年生的枝条，既不要太强壮，也不要太孱弱，上面要有饱满的芽眼。理想的枝条直径是4～5毫米。

准备砧木

1. 用嫁接刀仔细清除嫁接区域几厘米范围内的所有萌芽，因为它们可能妨碍嫁接操作。为了安插接穗，要选择一个没有树节的平面。

2. 嫁接刀成60°角，向下切一个约3毫米的纵向切口，这是第一个切口。

3. 在第一个切口上面3厘米的地方再切一个切口，然后返回第一个切口，返回时不要挖到树皮。完全取出掀起的树皮下的木质碎屑。

1

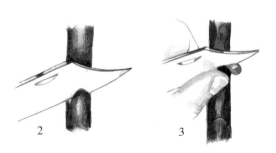

2　　　　　3

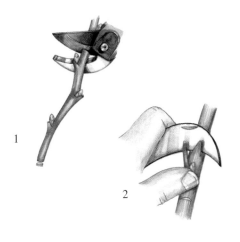

提取接芽

1.在选定接穗的中间位置提取一个芽，得到一个饱满的芽眼。

2.修剪接芽，接芽上包含一个芽眼。接芽的大小和外形应该与从砧木上取走的木质碎屑一致。

接合过程

1.把提取的芽放入砧木上的切口中。两者要结合成为一体。

2.用酒椰叶纤维绳缠绕几圈，固定嫁接整体。注意不要盖住芽眼，在操作中必须均匀用力，不要绑扎太紧。

嫁接后的管理

1.嫁接3周后，用剪刀剪掉或锯锯掉嫁接点上面的砧木。

2.将切口完全涂上胶。

3.嫁接后一个半月，撤掉绑绳。等到来年三四月，当芽眼长出小嫩芽时，去掉上面的砧木。

4.5月，如果芽眼长势良好，但是还没有芽长出，也可以像芽眼长出芽时那样分株，在这种情况下，注意要在截面上涂嫁接胶。

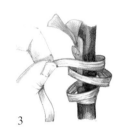

3

4

银杏的劈接

要在1月或2月树液完全停止流动时采集接穗，因为这时砧木和接穗的生长状态存在差异。

1

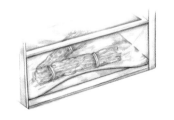

2

采集接穗

1.在中意的树上寻找当年生的枝条，既不要太强壮，也不要太孱弱，上面要有饱满的芽眼。理想的接穗直径是4～5毫米。

2.嫁接成功的重要条件之一就是接穗的保存，接穗不能失水，也不能继续生长。可以用可拉伸的透明薄膜把接穗包起来，放在冰箱里面，这是最保险的方法。

准备砧木

在确定好的高度，用剪刀或锯给砧木去掉顶梢，用嫁接刀仔细整修切面，使其保持清洁。对于高生树，建议嫁接的高度是2米。

1

准备接穗

1. 应该使用的是枝条的中间部分，因为底部芽眼常常不够饱满，顶端木质化程度又不够。

2. 在最下面芽眼的底部旁削出两个斜面，芽眼要在斜面最宽的一侧旁。

2

接合过程

1. 用一把嫁接刀在砧木上三分之一厚度的地方劈切，用木槌轻敲刀刃，刀可以非常容易地进入几厘米深（6～8厘米）。

2. 不要抽出刀，摁住刀，把接穗放入刀尖撑开的口。

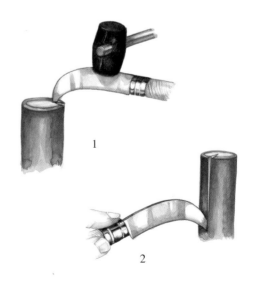

1

2

3.将接穗插入劈口，一直插到斜面顶端，使接穗的树皮与砧木的树皮对齐，确保两者的形成层互相接触。

4.抽出刀，不要用力。现在接穗将劈口两侧撑开，接穗也被紧紧夹住了。

5.尽管木质部分可以自然束紧，但是要确保结实，用酒椰叶纤维绳绑扎显得很必要。用拇指系紧酒椰叶纤维绳的一头，从上向下缠绕几圈，然后打个结扣，扎紧。

6.将嫁接木的各个面涂上胶，尤其是砧木平面和劈口。劈口必须封填好，特别是不要忘了接穗上部，针尖大小的地方缺胶都可能会影响嫁接苗的成活。

嫁接后的管理

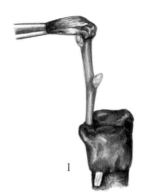

1. 嫁接后的几天中，一定要检查砧木或接穗是否有哪个地方缺胶，因为有可能流胶或涂抹时遗漏了。如果有必要，应该补胶。

在嫁接后的几周里，一直到8月，沿着树干会长出很多嫩芽。

2. 起初，抹掉从树干底部到1米高的范围内生出的所有嫩芽，紧挨接芽周围长出的芽也要去掉。

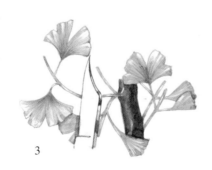

3. 留下一半1米高到接芽之间的出芽，以引来树液滋养接穗。当这些芽长到10厘米长时，再去掉一半。

4. 当接穗芽眼生出的嫩枝超过10厘米时，完全清理掉树干上的枝叶。

紫　藤

拉丁学名：*Wisteria Sinensis*

紫藤是一种生命力很强的灌木，一般被用于在园林中作为攀缘植物，装饰房屋墙面、栅栏、窗拱和绿廊。它对土质的要求不高，但是忌石灰质土壤。

紫藤的舌接

舌接法在砧木直径与接穗直径差不多时使用。

添加一个小槽口，将会使接穗与砧木完美接合。

> 紫藤可以通过扦插和压条繁殖，也可以通过嫁接繁殖，从而快速培育想要的品种。可采用的嫁接法有舌接和根段上镶接。

采集接穗

在挑选好想要繁殖的品种后，只需在健康的树上采集接穗就可以了。选择中等强度的接穗，芽眼看上去要饱满。注意，紫藤属植物上经常长有徒长枝，不要选这种枝条。

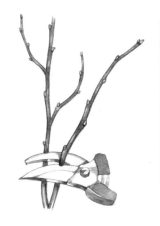

我们通常栽培两种紫藤：日本紫藤（又叫多花紫藤）和中国紫藤。日本紫藤这个品种不太强壮，花渐次开放；中国紫藤是最常见的，其花非常芳香，在5月树叶完全长成前同时开放。根据品种的不同，紫藤属植物的花呈淡紫色、粉色、蓝色或白色。

选择砧木
砧木就选中国紫藤。

准备砧木

1. 嫁接后在室内操作，也就是说砧木必须离开土壤，但是要保留很大一部分根系。使用2年生的中国紫藤苗木，根段至少要包括一部分10厘米长的规则的直根，直根上要有副根和根毛。

1

2. 用剪刀将砧木从根颈处剪下，也就是气生茎生出的正下方。用嫁接刀修剪切面，让切面清洁干净，不要有木屑。修剪根部长度，相应剪掉三分之二。

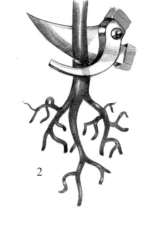

2

3. 清除砧木切面下10厘米范围内的小侧根、泥土或沙粒。

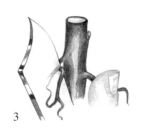

3

4. 在这一部位将砧木削切出一个长约5厘米的规则斜面。

4

准备接穗

1.接穗上应该有3个芽眼。用力拿住接穗，在要保留的芽眼的另一侧切出一个5厘米的规则斜面，斜面的方向向着枝条基部。

2.在砧木和接穗上的斜面中间各做一个槽口，这样可以将两部分紧密接合。

1

2

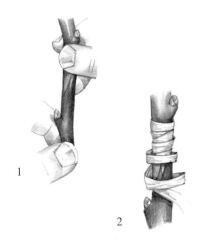

1

2

3

接合过程

1.可以非常轻松地将砧木和接穗这两部分接合；因为其角度和斜面是互补的。

2.酒椰叶纤维绳是必不可少的。在嫁接操作的整个部位，从上向下紧紧缠绕几圈，使形成层充分接触。

3.给嫁接木涂胶时需要特别小心，以免弄坏刚刚接合好的部分。将嫁接胶涂抹在操作中暴露在外的部分，不要忘记涂抹接穗的顶端。

紫藤的镶接

镶接在2月植物开始生长时进行。要挑选直径比接穗直径大的砧木。

准备砧木

1. 可作砧木的须至少是2年生的苗木。根的基部至少要有一根小指头那么粗。嫁接应在室内操作，也就是说，砧木必须离开土壤，但是要保留很大一部分根系。

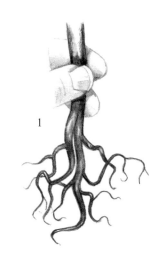

2. 用剪刀将砧木从根颈处剪下，也就是气生茎生出的正下方。用嫁接刀将切面修剪干净，不要有木屑。修剪根部长度，相应剪掉三分之二。

3. 一只手拿着砧木，另一只手拿着嫁接刀，分两步取出木质部分，挖出长度为3厘米的三角形的镶嵌槽。

准备接穗

将接穗基部削切成楔子形状，楔子斜面的起点在与芽眼同样的高度。削切的形状要与砧木上的形状相符，接穗要包含两个芽眼。

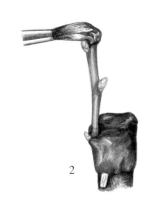

接合过程

1.一只手紧握接穗，另一只手拿砧木，将接穗插入砧木上削好的槽口中，切口必须完全对齐。

2.用酒椰叶纤维绳绑扎接穗，确保整体严密紧贴。用热用嫁接蜡涂抹操作产生的伤口。

嫁接后的管理

1.将刚嫁接好的苗木插入露天土中，土壤要掺有沙子或种植腐殖土，以确保排水良好以及幼根和嫁接苗成活。

2.在扎根和愈合期间，嫁接苗保留在原地，到来年11月就可以将它移植到花园里选定的位置了。

3.要定期检查，因为肯定会长出与接穗无关的萌蘖枝。用嫁接刀刀尖不断切除这些萌蘖枝，这样，嫁接苗才能快速生长。

山毛榉（水青冈属）

拉丁学名：*Fagus*

　　山毛榉是一类大型落叶树。普通山毛榉或欧洲山毛榉的树干挺直巨大，树皮细致光滑，结的果实被称为"山毛榉果"。山毛榉树叶茂盛，形成浓密的树荫，树下一般没有其他植被生长。

　　山毛榉树在法国各地都有存在，在肥沃、排水好的土壤中长得茂盛，石灰质土壤也非常适合山毛榉树。

　　山毛榉被大量用作观赏树木。栽培品种众多，其中有紫叶山毛榉、杂色山毛榉或紫红色山毛榉和垂叶山毛榉。

　　要繁殖这些不同的品种就需要进行嫁接。

山毛榉的劈接

为春季嫁接提取接穗

　　1.提取嫁接枝条要等到1月中旬，也就是霜冻期过后。与大多数树木相反，嫁接山毛榉要用两年生枝条，用当年生的枝条嫁接后不会成活。要挑选长有健康、完整芽眼的接穗。

选择砧木

　　可使用的砧木是实生山毛榉或欧洲山毛榉，并且必须已经扎根稳固。尤其不要在刚栽入土中的苗木上嫁接，而是要用已经栽种一年多且最近长势良好的苗木。通过播种山毛榉果来收获山毛榉苗木的概率很低但也可以尝试一下。如果不行的话，最好在自然界中采集若干实生苗，培育2～3年再嫁接。

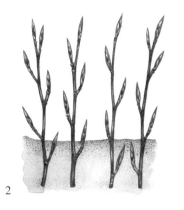

2

2.成功嫁接的重要条件之一就是接穗的保存。接穗不能失水，也不能发芽。最保险的方法就是给接穗包上食品保鲜膜，放在冰箱里。

也可以按照古老的方式保存。在太阳绝不会照到的地方，例如建筑物的北面，将其埋入十几厘米深的土或沙子里。当心那些啮齿动物，它们在冬季缺少食物的时候，会去咬噬枝条。

准备接穗

将接穗削成很薄的楔子，长5厘米。

嫁接山毛榉有多种方法。但是从技术上来说，比较容易又可靠的是分枝劈接。可以从3月末开始嫁接，挑选一个不下雨的好天气。

准备砧木和接合

1.砧木须有一个Y形分叉，这就是嫁接的地方。要做一个长5厘米、深度为砧木三分之二的劈口，以便接穗插入，通过木头的自然压力将接穗束紧。操作时从下向上，注意控制好嫁接刀的刀尖，不要切得太深。

1

2

2.尽管木质部分可以自然束紧，但是要确保结实，用酒椰叶纤维绳绑扎显得很必要。用拇指系紧酒椰叶纤维绳的一头，从上向下缠绕几圈，然后打个结扣，扎紧。

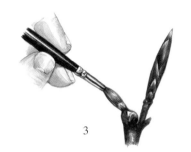

3

3. 然后将嫁接苗的各个面涂上胶，尤其是砧木平面和劈口，特别是不要忘了接穗上部，针尖大小的缝隙都可能会影响嫁接苗的成活。

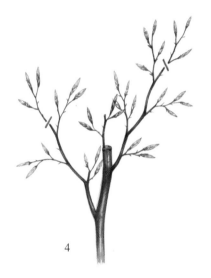

4

4. 若砧木太长，修剪两个分枝，剪掉约三分之二长度。

嫁接就像是外科手术，需要非常细心。工具必须干净，上面没有泥土，没有锈。应用烧酒或稀释漂白水消毒，确保不存在病原真菌和病毒。这些预防措施可以使接穗快速愈合，确保果树寿命长久。也要定期检查嫁接刀的切割状况是否良好。

嫁接后的管理

1. 在嫁接后的几周里，也就是第一个夏季，仔细清除砧木上生出的所有萌芽。这样做对接穗芽眼特别有利，芽眼很快就会长出嫩芽。

2. 在嫁接苗生长过程中，为避免其与接芽竞争，要逐渐修剪掉砧木的两个分枝。

1

2

常春藤

拉丁学名：*Hedera nepalensis* var. *sinensis*

根据品种的不同，常春藤在园林中有不同的用途。由于常春藤能够抓牢石头，所以大多被用作攀缘植物。

除了需要光照的杂色栽培品种，常春藤在大多数土壤中——无论贫瘠或富饶，有光或无光的环境都能生长。无论其他植物有多强壮，常春藤都不易受其影响。

常春藤的贴接

修剪砧木

1. 适合嫁接常春藤的时间在 3 月。将接穗的基部削成斜面，砧木顶端或侧面削出同样的槽口，然后将砧木和接穗相接合。最重要的是尽可能让砧木和接穗的形成层完全接合好。

1

选择砧木

普通常春藤学名为洋常春藤，叶片小并且分裂深，常作为砧木，用于嫁接叶片大小、形状、颜色都很出众的栽培品种。

贴接技术是繁殖常春藤最有效的方式。

2. 嫁接操作在室内进行。需要挑选一棵刚出土的幼苗，两年或三年生，长得健壮，根系良好。常春藤的茎通常是很长的，对其进行修剪，只保留根系以上约15厘米的部分，以便树液集中流入要插入的接穗上。

2

1

2

采集接穗

1.选择树液完全停止的时间，1月正适合，不过强霜冻的时候除外。

用剪刀仔细选取两年生的枝条，上面要有明显可见的芽眼。理想的枝条直径是3～4毫米，贴接技术要求砧木和接穗的直径大致相同。剪掉叶子，只留下芽眼上面3毫米的叶柄。

2.如果不是马上嫁接，给接穗包上食品保鲜膜，扎成小捆，放到冰箱的蔬菜盒子里。

准备砧木

1.清除掉要嫁接的常春藤幼苗上的所有嫩芽，它们最易在根系以上几厘米处生长。

2.选择砧木上最光滑的部分。嫁接刀从上向下，在距根颈3厘米的地方开一个切口，切的深度是切透树皮。

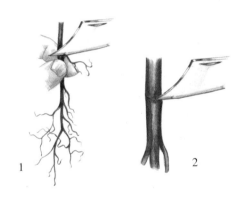

1

2

3.左手拿住砧木，从第一个切口上面4厘米的地方再切一个切口。从上向下切掉一条树皮，一直到第一个切口处。

3

要使切口干净利落，需要对嫁接刀进行很好的保养，日常要保持清洁，定期磨刃。

准备接穗

1. 理想的接穗是上面要有3个芽眼。一只手拿住接穗，另一只手拿着嫁接刀，以拇指作为支撑点。去掉一块木质，大小要与砧木上去掉的树皮完全相同，以便让砧木和接穗完全互补。

2. 把接穗转过来，在上面所做切面的对面，做一个几毫米的小斜面。

3. 剪掉第二个芽眼的上面部分。

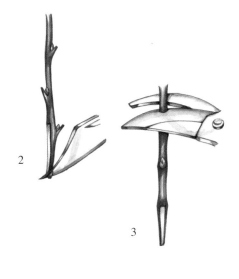

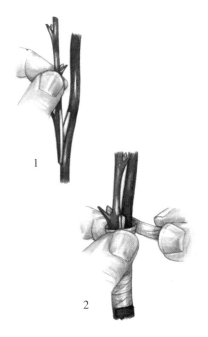

接合过程

1. 首先将削成斜面的接穗基部插入砧木基部的槽口内。然后将裸露的两部分接触上，它们会自然贴合好。

2. 将贴合的两部分捏住，用一根酒椰叶纤维绳从上向下缠几圈，最后做个结扣，将整体绑扎结实。

3. 给嫁接木涂胶非常重要，需要小心地覆盖嫁接时裸露的部分。动作要小心，不要伤到接穗芽眼。

将苗木栽入假植沟

将嫁接苗栽到一个假植沟中，沟中的土质要疏松且经过改良，含有种植土和细沙。这样，根系可以获得最好的生长条件，促进嫁接愈合。

嫁接后的管理

1. 在嫁接后的几个星期里，嫁接苗就恢复生长了。芽眼鼓起，砧木也变成熟，沿小树干长出小嫩枝。要不断修剪掉这些嫩枝，以促进接穗的生长。嫁接后的夏季过后，一般就不太需要这项操作了。

2. 到秋天，将常春藤幼苗移植到花园中选定的位置。

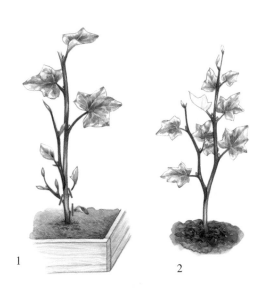

丁香属

拉丁学名：Syringa

　　丁香属为落叶灌木，因春季开花繁茂、芳香而广受喜爱。丁香属习性强健，喜新鲜、肥沃的土壤，喜阳光。

　　丁香属的种类很多，颜色也多种多样。有些品种花序白色，花单瓣或重瓣；有的花紫色、淡蓝或淡紫。

丁香属的芽接

　　在树液流动得不那么活跃但未完全停止时进行嫁接，一般为7月中旬如果气温非常高，而且树液非常活跃（表现为树芽大量萌发），就要再等几天，甚至1～2周再进行嫁接。

　　要繁殖挑选的优质品种，嫁接是最可靠的方法。适宜的嫁接技术是芽接。

采集接穗

　　1. 从要繁殖的树木上剪下选好的枝条，必须是丁香落花后生长的枝条，长度在30～60厘米。

　　2. 马上用嫁接刀或剪刀去掉上面的叶子，以免接穗失水，留下半厘米长的叶柄。

　　3. 如果不是马上嫁接，把接穗贮存到阴凉的地方，放在一个桶里，底端浸到5厘米深的水中。

选择砧木

　　使用实生的普通丁香或普通女贞树，必须是几年生的苗木，小树干基部要健壮。

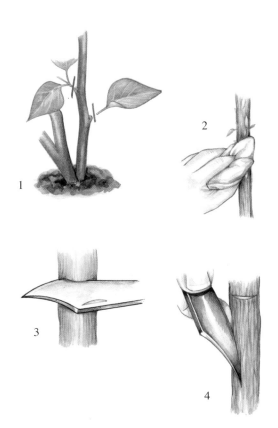

准备砧木

1. 在距离地面10厘米范围内进行嫁接。嫁接前，清除掉树干上的枝叶。

2. 用干抹布仔细擦拭，清除操作区域可能存在的泥土颗粒。

3. 右手拿着嫁接刀，在树皮光滑的部位切一个横切口，切的深度是切透树皮即可。

4. 把刀尖插入刚做的横切口下方3厘米的地方，做一个垂直开口，从而形成一个T形。

> 切这些切口时，一旦切开树皮层后感觉到一种抗力，表明不能再深入切了。

提取芽眼

1. 现在接穗备齐，可以提取芽眼了。握紧接穗，基部朝下，选择接穗中间的芽眼。因为那是最成熟的地方。要取下包括芽眼的一片薄片树皮。首先在芽眼下方2厘米处切一个侧切口，然后把嫁接刀刀片中间部位插入芽眼上方2厘米处，向刀尖方向拉削移动，当刀片达到之前的切口时，芽眼就被提取出来了。

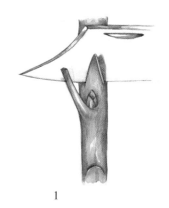

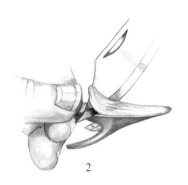

2

2. 去掉芽眼下的小木质，因为在大多数情况下，取下接芽时会带着一点木质部分，而它会阻碍愈合。检查芽眼是否被掏空：在光照下，如果芽眼透光，就是被掏空了。这不会影响成活，但不会有芽生出。

接合过程

1. 用刀将T形上部的两侧树皮打开，把接穗插入，芽眼朝上，刀抵在芽眼结合处，借助刀将整个接穗插入。

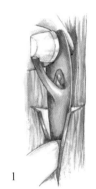

1

2. 接穗的理想位置是芽眼位于T形纵切口的中间。切除接穗超出T形横切口的部分。

2

3. 树皮可以固定接穗，但这还不够。要完成操作，还须用酒椰叶纤维绳缠十几圈，不要束得太紧，缠的过程中将芽眼露出来。

用左手的拇指撑住约20厘米长的酒椰叶纤维绳的末端，然后从低向高缠绕束紧，最后一圈应该松些，以便做个结扣，绑紧整体。

3

芽接后的管理

1. 在嫁接后15天左右，接穗才会恢复生长。此时，叶柄干燥容易脱落，如果没有脱落并且芽眼呈黑色，那就是嫁接苗没有成活。

2. 一个月以后，用嫁接刀切断接芽对面的绳结来给它松绑。

3. 来年春天，进行接芽的分株：将接穗上方3厘米以上的砧木切掉，抹除切面和接芽之间的芽眼。留下来的木头作为支柱，用来捆绑固定还很脆弱的嫩芽。

4. 4月，嫩接芽开始成长。在接下来的几周里，要不断地抹掉沿着支柱、接穗周围和接穗下方长出的萌芽。

5. 用绳子将新梢绑在支柱上，注意不要伤到它，新梢生长得快，所以绳子不用勒得太紧。羊毛绳就很合适，但芦苇草绳（灯芯草绳）会更好，因为在几个月后它们会自然而然地变松。不要用酒椰叶纤维绳，也不要用含金属的绳子。要定期检查绳子是否还有效力。

6. 8月，当健壮的新梢长到几十厘米，用剪刀除去支柱，因为这时支柱已经没有用处了。

7. 冬末，剪掉第三个芽眼上面的新梢部分，以便让丁香的主枝健壮生长。

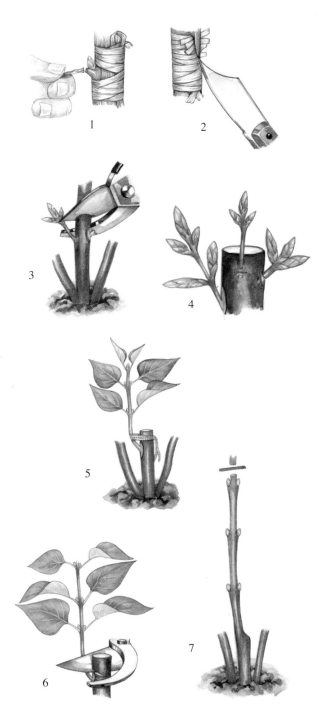

1

2

3

4

5

6

7

欧洲七叶树

拉丁学名：*Aesculus hippocastanum*

　　七叶树是落叶乔木，抗性强。因其速生、遮阴，常常种植在城市中的大道和步道旁，海拔1000米以上的地方便不再有七叶树的身影。最常见的是印度七叶树，花朵白色夹杂着红色。其果实布满刺，被称为印度毛栗，内有个头很大的种子，不可食用。

适合繁殖欧洲七叶树的嫁接法有两种：一种是皮下接，在树液上升的4月进行；另一种是十字形芽接，在7月进行。

欧洲七叶树的皮下接

采集接穗

　　1.1月或2月，挑选中等强度、坚实的枝条，不要长枝，因为要用的是枝条的顶端部分。

1

选择砧木

　　可作为砧木繁殖红花七叶树的是印度七叶树。红花七叶树是印度七叶树和一种弗吉尼亚品种的杂交品种，被称为北美红花七叶树。

　　2. 用可拉伸食品保鲜膜包上枝条，放在阴凉的地方。在等待嫁接期间，把接穗放到冰箱的蔬菜盒里。

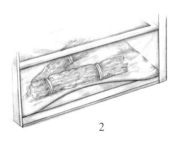

2

准备砧木

1.进行皮下嫁接，砧木须是印度七叶树实生苗木，树干挺直，在2米高处的截面直径为3～5厘米。清除掉这一高度的枝叶。

2.用嫁接刀的刀尖割一个T形切口，纵向6厘米，横向1厘米。在割切口时，嫁接刀要切透树皮。

准备接穗

接穗上要有一个顶芽和两对芽眼。将接穗基部削切成一个长度约为5厘米的规则斜面。

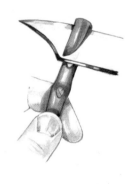

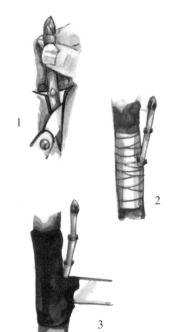

接合过程

1.用嫁接刀撑开砧木T形切口两侧的树皮，将接穗斜面部分插入。

2.酒椰叶纤维绳是必不可少的。在嫁接操作的整个部位，从上向下紧紧缠绕几圈，确保形成层接触良好。

3.将嫁接胶涂抹在操作中暴露在外的部分。

嫁接后的管理

1. 在嫁接后的几天里，一定要检查嫁接苗，看看砧木或接穗上有没有哪个地方缺胶，因为有可能流胶或涂抹时遗漏了。如果有必要，应该补胶。

2. 在嫁接后的几周里，一直到8月，会沿着树干长出很多嫩芽。起初，抹掉从树干底部到1米高度生出的所有嫩芽，紧挨接芽周围长出的芽也要去掉。

3. 当嫁接苗芽眼长到约20厘米时，清除掉沿砧木生出的所有嫩枝。之后，切除嫁接苗上面的砧木。

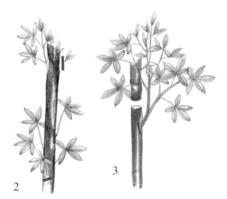

欧洲七叶树的芽接

从7月中旬开始，就可以用芽接法嫁接了。正常情况下，在这个时候，树液的活跃度开始降低。

如果气候炎热湿润，植物生长旺盛，最好耐心一点，一直等到8月20日甚至更晚再嫁接也没有问题。

嫁接的高度

1. 基部嫁接要贴近地面操作，大约是地面上5厘米的高度。

如果芽接的目的是形成一个高高的树冠，就在离地面2米的高度操作，树干在这一高度的直径是2～4厘米，并且树干要健壮。

2. 对于在底部嫁接的苗木，要在苗木根基部留出位置，用来放置接穗。将距离地面至少10厘米范围内的所有嫩芽都去掉，然后用干抹布仔细擦拭，擦掉可能存在的泥土颗粒。

对于在一定高度嫁接的苗木，在要芽接的区域内，仔细清理掉树干上20厘米范围内的所有芽和枝叶。

采集接穗

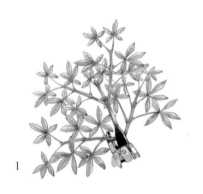

1. 可以在嫁接前采集接穗，采集时要特别注意，因为要采集的枝条必须有饱满、成熟的芽眼。如果可能，应该在母株上选择中等健壮、侧生的枝条。

2. 即使不是立刻嫁接，也最好在早晨采集接穗。用剪刀将叶子剪掉，不要直接用手拔，叶柄必须保留约半厘米的长度。

底部和顶端的芽眼没有用处，它们没有机会繁殖生长，尤其是顶端芽眼，它们不够饱满或木质化程度不够。

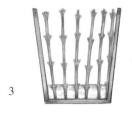

3. 在等待操作期间，将刚刚采集的接穗保存在一个桶中，放到阴凉的房间里，接穗底部插入5厘米深的水中。条件良好的话，这样可以保存至少3天。

在苗木基部嫁接

切割砧木

1.接芽应该嫁接于离地面4～5厘米的高度、树皮最为光滑的部分。手握嫁接刀，在这个高度横切一个1厘米长的切口，切的深度是切透树皮即可。

2.垂直拿着嫁接刀，刀尖朝下，在距离横切口1厘米的地方，把刀尖插入，切透树皮层，从下向上切一个垂直开口，一直切到横切口上面2厘米处，从而形成一个"十"字形。

3.保持嫁接刀的位置不变，向侧面轻轻撬起树皮。

4.在树液丰富的砧木上撬起树皮应该是很容易的。将刀插入"十"字形中心的树皮下，一侧从上到下，另一侧从下到上，轻轻掀起树皮。

之所以把切口切成"十"字形，是因为欧洲七叶树的芽眼太大了。

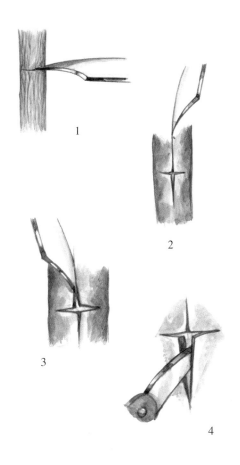

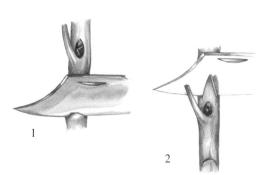

提取芽眼

1.一只手拿着接穗，另一只手拿着嫁接刀。选好芽眼后，在芽眼下方2～3厘米处割一个侧切口。

2.在芽眼上方2～3厘米处，把刀片的中间部位插入，以切取包括芽眼的一片薄树皮，刀片向刀尖方向拉削移动。

3.取下接芽时，带着一点木质是正常的。由于木质存在可能影响接芽的成活，所以必须去掉。

4.注意，如果芽眼被掏空，接芽可能会成活，但不会有芽生出。当出现这种情况时，一定要提取另一个芽眼。

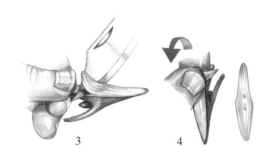

接合过程

1.用刀将砧木的树皮撑开，将接芽放入，芽眼朝上。可以用刀抵在芽眼接合处，将接芽插入。

2.如果有必要，用拇指和食指捏住开口两侧的树皮，调整芽眼。芽眼要正好处于横切口与纵切口相交的地方。

3.用嫁接刀将芽眼上面纵切口两侧的树皮撑开，调整切口长度和芽眼上面的接芽长度，将这部分接芽埋在切口的树皮下。

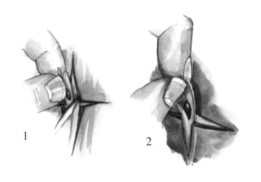

4.现在只剩用酒椰叶纤维绳进行绑扎了。从"十"字形的下部开始，绳子交叉系紧，然后向上缠绕，勒紧，但不要过度，一共要缠十几圈。缠的过程中，将芽眼露出来。

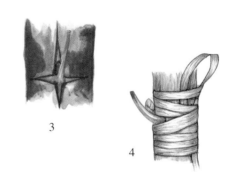

在树干高处进行嫁接

按照与在苗木基部嫁接操作同样的要求和顺序进行即可。

嫁接后的管理

1. 在嫁接后15天左右，嫁接苗才会恢复生长。此时，叶柄变干脱落。如果叶柄没有脱落，并且芽眼呈黑色，表明嫁接苗没有成活。

2. 一个月以后，用嫁接刀切断接芽对面的绳，为它松绑。

3. 来年春天，进行接芽的分株：将嫁接苗上方10厘米以上的部分去掉，抹除切面和接芽之间的芽眼。

4. 留下来的10厘米木头作为支柱，用来捆绑固定还很脆弱的嫩芽。4月，嫩接芽开始生长。

5. 接下来几个星期，要不断地把支柱上长出的嫩芽都去掉。

6. 用绳子将新梢绑在支柱上，注意不要伤到它。新梢生长得快，所以绳子不用勒得太紧。羊毛绳很合适，但芦苇草绳（灯芯草绳）会更好，因为在几个月后它们会自然而然地变松。不要用酒椰叶纤维绳，也不要用含金属的绳子。要定期检查绳子是否还有效力。

7. 用锯从新梢发端上方将支柱小心锯掉。

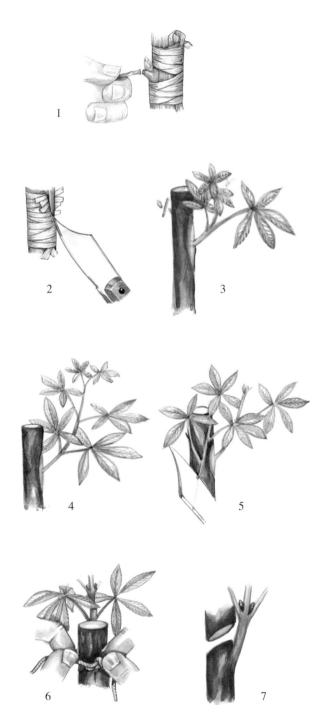

牡　丹

拉丁学名：*Paeonia suffruticosa*

牡丹的种类很多，开花期在春天，无论是白色、粉色、红色、橙色、淡紫色、紫色还是黄色，单瓣还是双瓣的牡丹花，都很迷人。牡丹品种要求土壤富有营养并且有一定深度，但是忌新鲜厩肥，尤其喜欢温暖有遮挡的环境，怕春寒。牡丹花花朵大，开花期要求浇灌充足。

牡丹繁殖宜采用镶接，在根颈处进行，愈合和生根时要保存在玻璃罩下。

牡丹的镶接

镶接操作可以从1月开始，即在植物开始生长时进行。

准备砧木

1.镶接要在室内操作，也就是说砧木必须离开土壤，但是要保留很大一部分根系。

1

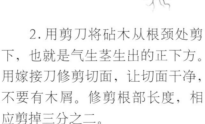

2.用剪刀将砧木从根颈处剪下，也就是气生茎生出的正下方。用嫁接刀修剪切面，让切面干净，不要有木屑。修剪根部长度，相应剪掉三分之二。

2

选择砧木

砧木可选中国牡丹或芍药，通过分根蘖获得。最理想的砧木是根部良好的幼苗，其根部的底端约有一根手指那么粗。

3.一只手拿着砧木，另一只手拿着嫁接刀，分两步取出木质部分，挖出长度为3厘米的三角形镶嵌槽。

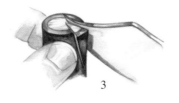

3

准备接穗

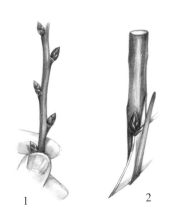

1. 从要繁殖品种的牡丹上提取接穗。由于操作期限的原因，镶接时，要现嫁接现采集接穗。选取中等大小的接穗，芽眼看上去要很饱满。

2. 斜切接穗底部，从芽眼的高度开始切，切面形状要与砧木上切面的形状相符。接穗上必须有两个芽眼。

接合过程

1. 一只手紧握接穗，另一只手拿砧木，将接穗插入砧木削好的槽口中，切口必须完全对齐。

2. 用酒椰叶纤维绳绑扎接穗，确保整体严密紧贴。用嫁接蜡或嫁接胶涂抹接穗顶端和操作中暴露在外的部分。

嫁接后的护理

1. 愈合期间，将嫁接体插入疏松的土中，也可将其插到花园里掺有细河沙或枫丹白露沙的土壤中。

2. 把嫁接点完全埋入土中，盖上玻璃罩，保持密闭环境。这种技术叫"温室法"。

3. 阳光灿烂的日子，将钟罩遮住。到5月中旬时，接穗愈合，撤掉钟罩。

4. 将嫁接苗留在原地，到当年11月，移植嫁接苗，为它在花园里选一个最终位置。

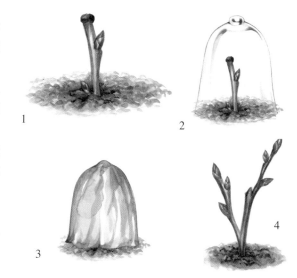

玫　瑰

拉丁学名：*Rosa rugosa*

玫瑰的繁殖可以采用扦插方式，尤其是对于中小型花的灌木玫瑰来说，这种方式很容易成功。但是对于开大花的品种，扦插的成功率没有保证，最好还是选择嫁接。可以选用适合土地性质的砧木，在想要的高度培育茎玫瑰或垂枝玫瑰。

选择砧木

—普通犬蔷薇专门用于培育贫瘠和干燥的石灰质土地上的灌木玫瑰和茎玫瑰。由于玫瑰扎根不是很好，所以要用一个立柱，永久伴随茎玫瑰和垂枝玫瑰；

—无刺多花玫瑰生长旺盛，在黏土中容易存活，可以用来嫁接培育灌木玫瑰和攀爬玫瑰；

—疏花蔷薇很适宜石灰质土和重质土，是培育灌木玫瑰和攀爬玫瑰的上等砧木。它抗寒，但怕干燥。

嫁接玫瑰建议采用芽接方式。

玫瑰的芽接

在7月中旬到9月初进行嫁接，这时砧木中有大量树液存在，树皮也很容易掀起。

如果7月气候炎热湿润，植物生长旺盛，那么最好是耐心一点，等待树液不那么活跃了再嫁接。

准备砧木

灌木玫瑰和藤本玫瑰

1.培育灌木玫瑰，要在地面下几厘米处嫁接，那里的树皮会因为已经在地下埋了一段时间而变软。

1

2.准备工作必不可少。从5月起，给嫁接用苗木培土，即给野生小玫瑰基部覆上5～10厘米的土。

2

3.春季给苗木培土会形成一个小"土丘"，等嫁接时再把苗木从土丘中取出。如果用工具取，注意不要伤到砧木，因为砧木的根部现在非常软。

4.用干抹布仔细擦拭接穗的裸露部分，擦掉上面可能存在的泥土或沙粒。

树玫瑰

1.如果芽接要在树干上形成一个高高的树冠，对于大花品种，就在1米高的树干处嫁接；对于垂枝型品种，在2米高处嫁接。

犬蔷薇砧木抗性强、健壮，栽种2年或3年后就能作为嫁接的树干。

2.要获得适合嫁接的砧木，在苗木栽种后第一年的春天，定期清理从土里长出的新枝，只保留最挺直、最健壮的一枝。在没有其他枝的竞争情况下，这一枝可以长出一个2米甚至更高的新梢。

3.当新梢长到嫁接所需要的高度时，进行摘心，以便让它形成树头并且变粗。嫁接要在新梢有3个或4个分枝的基部进行。

采集接穗

1.这项操作需要特别注意，因为要采集的枝条上都有着饱满、成熟的芽眼。为了有助于芽眼成熟，在采集前15天修剪接穗，将开谢的花剪掉，剪的位置是花朵正下方。

1

2.即使不是立刻嫁接，也最好在早晨采集接穗枝条。用剪刀将叶子剪掉，不要直接用手拔，叶柄必须保留大约半厘米的长度。

3.用手套擦掉刺。当枝条成熟时，上面的刺很容易脱落。

2

3

4.在等待操作期间，将刚刚采集的接穗保存在一个桶里，放到阴凉的房间，接穗底部插入5厘米深的水中。条件良好的话，这样可以保存至少3天。

4

在苗木基部嫁接

切割砧木

1.接芽要安插的位置是苗木的起始部位，也就是前段根上面2～3厘米处。手握嫁接刀，在这个高度切一个横切口，切的深度是切透树皮即可。

2.垂直拿着嫁接刀，刀尖朝下。在距离地面2厘米的地方，把刀尖插入，切透树皮层，从下向上做一个垂直开口，直到与横切口相接。

3.保持嫁接刀的位置不变，向侧面轻轻地撬起树皮。

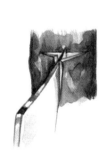

4.在树液丰富的砧木上撬起树皮应该是很容易的。将刀插入"T"字形顶端的树皮下，一侧从上到下，另一侧从下到上，轻轻掀起树皮。

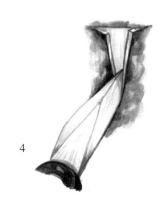

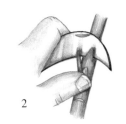

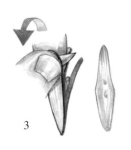

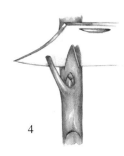

提取芽眼或接芽

1. 一手拿着接芽，另一只手拿着嫁接刀。选好芽眼后，在芽眼下方约1厘米处切一个侧切口。

2. 然后在芽眼上方1厘米处，把刀片中间部位插入，切取包括芽眼的一片薄片树皮，刀片向刀尖方向拉削移动。

3. 取下接芽时，带着一点木质是正常的。由于木质存在可能影响接芽的成活，所以必须去掉。

4. 注意，如果芽眼被掏空，接芽可能会恢复生长，但不会有芽生出。当出现这种情况时，一定要提取另一个芽眼。

接合过程

1. 用刀将砧木的树皮撑开，将接芽放入，芽眼朝上。可以用刀抵在芽眼接合处，将接芽插入。

2. 用嫁接刀切掉接芽超出砧木上横切口的部分。如果有必要，用拇指和食指捏住开口的两侧树皮，调整芽眼。

3. 现在只剩用酒椰叶纤维绳进行绑扎了。从T形的下部开始，绳子交叉系紧，然后向上缠绕，勒紧，但不要过度，一共要缠十几圈，缠的过程中将芽眼露出来。然后，立刻为苗木底部培上土。

在树干高处进行嫁接

　　按照与在苗木基部嫁接操作同样的要求和顺序进行，只是最后一步要为嫁接好的玫瑰苗木培土。

　　插入接穗的数量要与树干生出的枝条数相同。三四个接穗就足以形成一个正常的树冠。接穗插入的位置在枝条的发端处。

嫁接后的管理

　　1.在嫁接后的15天左右，嫁接苗才会恢复生长。此时，叶柄变干，容易脱落。如果叶柄没有脱落，并且芽眼呈黑色，表明嫁接苗没有成活。如果不是太晚，可以再次尝试嫁接。

　　2.来年春天，冰冻风险过后，撤掉覆盖苗木的土，剪掉接穗上方的砧木，给接芽分株。

　　3.对于茎干嫁接，剪掉接穗上方的嫩枝条。

　　4.4月，嫩接芽开始生长。接下来的几个星期，要不断地把砧木上的萌蘖清除掉。

　　5.当芽眼生出的嫩枝长到15厘米以上时，修剪它的长度，只留下5厘米。这样做是为了增加接穗底部的嫩枝，使它很快长成灌木丛，并在几周后开花。

槐

拉丁学名：*Styphnolo bium japonicum*

　　槐是一种抗性非常强的落叶树。这种树源于中国，在日本很普遍，所以又被称为"日本槐"。槐对土壤要求不严，在各种土壤，甚至石灰质土中都能茂盛生长；叶子精细优雅，类似刺槐的叶子；花奶白色，在二十多年树龄的树上会长成圆锥花序。

　　槐的形状倒垂形，树枝似天然修剪一般，形成奇特的轮廓，是小型园林的理想观赏树木。

槐的劈接

　　槐的劈接应在3—4月进行，这时树液开始供养树木。

采集接穗

　　1.在一棵不太老的树上提取接穗，这棵树长出的枝条平均长度约60厘米。在1—2月，对这些枝条进行挑选。

槐使用的繁殖技术是劈接。

1

选择砧木

　　要想培育成垂枝槐，就用几年生的日本槐嫁接，嫁接点高度是2米，截面直径3厘米。

2

　　2.在等待嫁接期间，用食品保鲜膜将接穗包好，放在冰箱里。

准备砧木

在确定好的高度，用剪刀或锯给砧木去掉顶梢，用嫁接刀仔细整修切面，使其保持清洁。

准备接穗

1.通常使用的是枝条的中间部分。因为茎部的芽眼常常不够饱满，顶端的木质化程度不够。

2.当把不用的这两部分去掉之后，从接穗最下面的芽眼底部开始，向下削出两个斜面。芽眼要在斜面的最宽一侧旁。

1

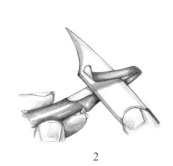

2

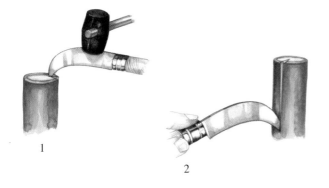

1

2

接合过程

1.用一把固定柄的嫁接刀在砧木上三分之一厚度的地方劈切，用木槌轻敲刀刃，刀可以很容易进入几厘米深（6～8厘米）。

2.不要抽出刀，摁住刀，把接穗放入刀尖撑开的口中。

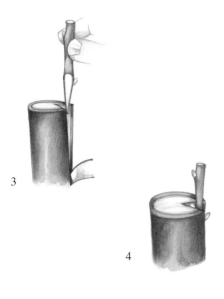

3.将接穗插入劈口,一直插到斜面顶端,使接穗的树皮与砧木的树皮对齐,确保两者的形成层接触。

4.抽出刀,不要用力。现在接穗将劈口两侧的树皮撑开,接穗也被紧紧夹住了。

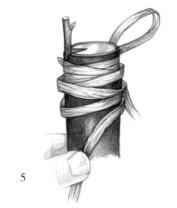

5.尽管木质压力可以自然束紧,但是要确保结实,用酒椰叶纤维绳捆绑显得很必要。用拇指系紧酒椰纤维绳一头,从上向下缠绕几圈,然后打个结扣,系紧。

6.将嫁接苗的各个面,也就是砧木表面和劈口都涂上胶,劈口必须封填好,尤其不要忘记接穗上部。即使是针尖大的地方没有涂胶,也可能会影响嫁接苗的成活。

嫁接后的管理

1.在嫁接后的几天里，一定要检查嫁接苗，看看砧木或接穗上有没有哪个地方缺胶，因为有可能流胶，或者涂抹时遗漏了。如果有必要，应该补胶。

在嫁接后的几周里，一直到8月，会沿着树干长出很多嫩芽。

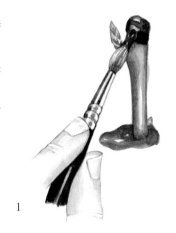

1

2

2.起初时，抹掉从树干底部到1米高生出的所有嫩芽，紧挨接芽周围长出的芽也要去掉。

留下一半1米开始到接芽之间的出芽，以便引来树液供养接穗。当这些芽长到20厘米长时，再去掉一半。

3

3.当嫁接苗芽眼萌发的嫩枝超过20厘米时，就可以完全清理掉树干上的枝叶了。

北欧花楸

拉丁学名：*Sorbus aucuparia*

花楸抗性强，喜深层土壤，喜阳，石灰质的土地也不会影响其生长。这种树生长适度，可以在中小型的花园中占据一个重要位置。花楸树种类丰富，浆果颜色有黄色、白色、红色、橙色或褐色，外形有圆形、帚状、垂形等。

北欧花楸的芽接

在树液开始不那么活跃的时候进行嫁接。这时可以提取完全成熟的接穗，将其嫁接在还有树液的砧木上。

从7月中旬开始，在天气干燥的早晨或晚上进行嫁接操作。然而，如果气温非常高，树液非常活跃（表现为树芽大量萌发），就要等几天，甚至等1～2周也不算晚。

1

2

3

> 采用芽接技术很容易嫁接北欧花楸树。

采集接穗

1. 从要繁育的树上剪下选好的枝条，必须是当年5月生出的枝条，长度可以是30～60厘米。

2. 立刻用嫁接刀或剪刀除掉叶子，以免接穗失水，留下半厘米的叶柄。

3. 如果不是马上嫁接，把接穗放到阴凉的地方，在一个桶里，底端浸入5厘米深的水中。

准备砧木

1

1. 在距离地面10厘米处进行嫁接。嫁接前，如果树干上有会妨碍嫁接的枝叶，就完全清理掉。用一块干燥的抹布擦掉操作区域上可能存在的泥土颗粒。

2. 右手拿嫁接刀，在砧木上树皮光滑的部位割一个横切口，切口深度是切透树皮即可。将嫁接刀的刀尖插入刚刚切出的横切口下方3厘米处，切出一个纵切口，形成一个T形。

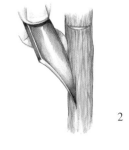

2

切这些切口时，一旦切开树皮层后感觉到一种抗力，表明不能再深入切了。

提取芽眼

1. 现在接穗备齐，可以提取芽眼了。握紧接穗，基部朝下，选择接穗中间的芽眼，因为那是最成熟的地方。

要取下包括芽眼的一薄片树皮。首先在芽眼下方2厘米处切一个侧切口，然后把

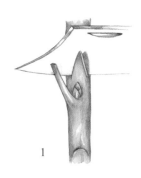

1

嫁接刀刀片中间部位插入芽眼上方2厘米处，向刀尖方向拉削移动，当刀片达到之前的切口时，芽眼就被提取出来了。

2.去掉芽眼下的小木质，因为在大多数情况下，取下接芽时会带着一点木质部分，而它不利于愈合。检查芽眼是否被掏空：在光照下，如果芽眼透光，就是掏空了。这不会影响成活，但不会有芽生出。

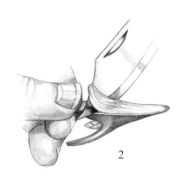

2

1

接合过程

1.用刀将T形上部的两侧树皮打开，把接穗插入，芽眼朝上，刀抵在芽眼结合处，借助刀将整个接穗插入。

接穗的理想位置是芽眼位于T形纵切口的中间。切除接穗超出T形横切口的部分。

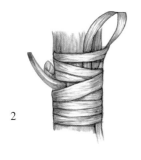

2

2.树皮可以固定接穗，但这还不够。要完成操作，还须用酒椰叶纤维绳缠绕十几圈，不要束得太紧，缠的过程中将芽眼露出来。

用左手的拇指撑住约20厘米长的酒椰叶纤维绳的末端，然后从低向高缠绕束紧，最后一圈应该松些，以便做个结扣，绑紧整体。

嫁接后的管理

1. 在嫁接后15天左右，接芽才会恢复生长。此时，叶柄干燥，容易脱落。如果没有脱落并且芽眼呈黑色，那就是嫁接苗没有成活。

一个月以后，就可以用嫁接刀切断接芽对面的绳结来给它松绑了。

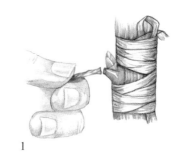

1

2. 来年春天，进行接芽的分株：将接芽上方10厘米以上的砧木切掉，抹除切面和接芽之间的芽眼。那留下来的10厘米木头作为支柱，用来捆绑固定还很脆弱的嫩芽。

2

3.4月，嫩接芽开始成长。在接下来的几周里，要不断地抹掉沿着支柱长出的萌芽。

用绳子将新梢绑在支柱上，注意不要伤到它，新梢生长得快，所以绳子不用勒得太紧。羊毛绳就很合适，但芦苇草绳（灯芯草绳）会更好，因为在几个月后它们会自然而然地变松。不要用酒椰叶纤维绳，也不要用含金属的绳子。要定期检查绳子是否还有效力。

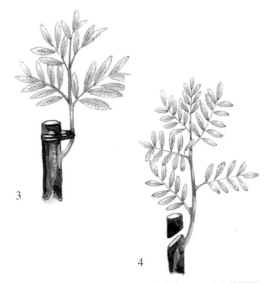

3

4.8月，当健壮的新梢长到几十厘米，用剪刀除去支柱了，因为这时支柱已经没有用处了。

4

椴 树

拉丁学名：*Tilia tuan*

椴树是一种高大乔木，喜新鲜、疏松、肥沃的土壤，经常作为观赏树来构成行道树。它的花朵很吸引人，品种众多，包括银叶椴、美洲椴、欧洲椴。

椴树的芽接

从7月中旬开始，在天气干燥时嫁接。椴树要尽早嫁接，因为枝条中的树液会很快变得稀少。如果树液完全消失，提取芽眼会很困难，并且不利于成活。

> 适合椴树的嫁接技术是芽接。

采集接穗

1. 从要繁育的树上剪下选好的枝条，必须是当年5月生出的枝条，长度可以是30～60厘米。

1

2

2. 立刻用嫁接刀或剪刀除掉叶子，以免接穗干枯，留下半厘米的叶柄。

选择砧木

可用实生的欧洲大叶椴来嫁接繁殖椴树。

3. 如果不是马上嫁接，把接穗放到阴凉的地方，在一个桶里，底端浸入5厘米深的水中。

3

准备砧木

1.在距离地面10厘米处进行嫁接。嫁接前，如果树干上有会妨碍嫁接的枝叶，就完全清理掉。用一块干燥的抹布擦掉操作区域上可能存在的泥土颗粒。

2.右手拿嫁接刀，在砧木上树皮光滑的部位割一个横切口，切口深度是切透树皮即可。将嫁接刀的刀尖插入刚刚切出的横切口下方3厘米处，切出一个纵切口，形成一个T形。

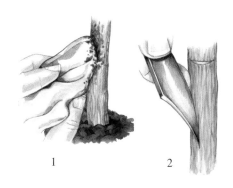

切这些切口时，一旦切开树皮层后感觉到一种抗力，表明不能再深入切了。

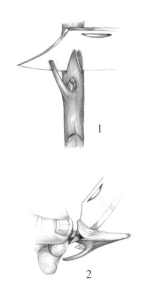

提取芽眼

1.现在接穗备齐，可以提取芽眼了。握紧接穗，基部朝下，选择接穗中间的芽眼，因为那是最成熟的地方。

要取下包括芽眼的一薄片树皮。首先在芽眼下方2厘米处切一个侧切口，然后把嫁接刀刀片中间部位插入芽眼上方2厘米处，向刀尖拉削移动，当刀片达到之前的切口时，芽眼就被提取出来了。

2.去掉芽眼下的小木质，因为在大多数情况下，取下接芽时会带着一点木质部分，而它会阻碍愈合。检查芽眼是否被掏空：在光照下，如果芽眼透光，就是掏空了。这不会影响成活，但不会有芽生出。

接合过程

1.用刀将T形上部的两侧树皮打开，把接穗插入，芽眼朝上，刀抵在芽眼结合处，借助刀将整个接穗插入。

接穗的理想位置是芽眼位于T形纵切口的中间。切除接穗超出T形横切口的部分。

2.树皮可以固定接穗，但这还不够。要完成操作，还须用酒椰叶纤维绳缠十几圈，不要束得太紧，缠的过程中将芽眼露出来。

用左手的拇指撑住约20厘米长的酒椰叶纤维绳的末端，然后从低向高缠绕束紧，最后一圈应该松些，以便做个结扣，绑紧整体。

嫁接后的管理

1.在嫁接后15天左右，接芽才会恢复生长。此时，叶柄干燥，容易脱落。如果没有脱落并且芽眼呈黑色，那就是嫁接苗没有成活。

一个月以后，就可以用嫁接刀切断接芽对面的绳结来给它松绑了。

2.来年春天，进行接芽的分株：将接芽上方10厘米以上的砧木切掉，抹除切面和接芽之间的芽眼。那留下来的10厘米木头作为支柱，用来捆绑固定还很脆弱的嫩芽。

3.4月，嫩接芽开始成长。在接下来的几周里，要不断地抹掉沿着支柱长出的萌芽。

用绳子将新梢绑在支柱上，注意不要伤到它，新梢生长得快，所以绳子不用勒得太紧。羊毛绳就很合适，但芦苇草绳（灯芯草绳）会更好，因为在几个月后它们会自然而然地变松。不要用酒椰叶纤维绳，也不要用含金属的绳子。要定期检查绳子是否还有效力。

4.8月，当健壮的新梢长到几十厘米，就该用剪刀除去支柱了，因为这时支柱已经没有用处了。

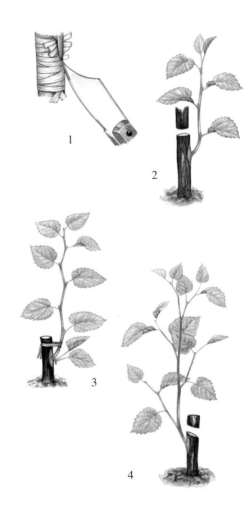